엑셀로 배우는 **의사결정론**

Original Japanese language edition
*Excel de Manabu Ishiketteiron*
By Yoshiki Kashiwagi
Copyright ⓒ 2006 by Yoshiki Kashiwagi
Published by Ohmsha, Ltd.
This Korean Language edition co-published by Ohmsha, Ltd. and CIR Co., Ltd.
Copyright ⓒ 2015
All rights reserved.

엑셀시리즈 **2**

# 엑셀로 배우는
# 의사결정론

柏木 吉基(Kashiwagi Yoshiki) 저 · 황승현 역

일상생활이나 비즈니스 활동에서 의사결정을 내려야 하는 순간이 수없이 많이 존재한다. 그러나 대부분은 과거의 경험과 감을 중시하는 경향이 많을 것이다. 경험과 감에 의한 의사결정은 주관적인 요소가 많이 들어가기 때문에 보다 객관적이고 합리적인 판단을 하여 타인을 설득하기 위해서는 의사결정에 대한 체계적인 학습이 필요하다. 특히 자신이 근무했던 경험과 상관없는 생소한 분야에서는 어떻게 의사결정을 내려야할지 고민이 많을 것이다. 이럴 때에 보다 현명한 의사결정을 위한 방법을 제시하고자 한다.

OHM
Ohmsha

씨아이알

여러분은 지금까지 다양한 장면에서 "다음에 어떤 행동을 취해야 하는가?"라고 하는 의사결정을 해 왔다고 생각합니다. 이것은 구체적으로 개인적인 생활에서의 사소한 일에 대하여 판단하거나, 업무상 대단히 중요한 의사결정이거나, 일상에서 특별히 의식하지 않아도 매사를 결정하지 않으면 안 되는 장면은 그 수를 셀 수 없습니다. 특히 비즈니스의 측면에서 의사결정을 하는 경우에 자신 또는 누군가의 주관적인 시각, 과거의 경험을 기준으로 한 의사결정을 하는 장면은 상당히 많습니다. 필자 자신도 지금까지의 업무상 경험에 있어서 아무런 객관적인 근거도 없는 의사결정을 하지 않으면 안 되는 케이스와 상사가 과거의 경험만을 기준으로 한 결정사항에 대하여 의문과 석연치 않은 생각을 한 경험이 많습니다. 이와 같은 경우, 스스로 결단하기 위해 뭔가 근거가 되는 지표와 같은 것을 손에 넣으면 좋지 않을까 생각하거나, 객관적인 데이터를 사용하여 남을 설득하기 위한 효과적인 방법은 없을까를 고민하게 됩니다. 여러분도 이런 경험이 많겠죠?

그래서 이러한 생각 중에 필자는 2001~2003년에 걸쳐 미국과 유럽의 비즈니스스쿨에서 "Decision Science"라는 과목(및 이것에 준한 과목)을 큰 기대와 흥미를 가지고 수강하였습니다. 거기에서는 의사결정론으로서 다양한 의사결정을 지원하는(주로 통계이론에 기초한 것) 툴과 이론을 가르쳤는데 "Decision Science"라는 학문으로서 확립되어 있었습니다. 이것은 인재유동성이 철저한 미국기업 내에서 과거의 업계경험이 전혀 없는 매니저가 객관적인 판단을 하기 위하여 또, 합리적인 판단을 하여 객관적인 결과를 가지고 타인을 설득하기 위하여 필요한 것으로 생각되고 있는 것 같습니다. 이들은 어디까지나 "정답"을 내는 것이 아니라 될 수 있으면 자의적인 판단을 배제하여 의사결정자가 보다 객관적인 최종판단을 내리기 위한 Support적인 위치에 있다고 필자는 인식하고 있습니다.

이것을 실제로 비즈니스스쿨에서 배운 결과에 의하여 필자 개인의 느낌으로 보면 대체로 기대 이상의 것을 얻을 수 있다는 생각을 가지고 있습니다. 이른바 이과 출신인 필자에게는 새로운 발견을 한 경우도 많았던 한편, 이론적으로는 이미 알고 있지만 비즈니스 실무에 대해 이렇게 응용할 수 있는지 감탄한 적도 많이 있었습니다.

앞에서 기술한 대로 이들의 방식은 일상의 사소한 일부터 Finance/accounting 등 다양한 분야에서의 응용이 가능하지만, 이 책에서의 토픽은 주로 비즈니스 실무와 관련된 것으로 하여, 그중에서도 데이터를 이용한 마케팅 등의 예를 사용하여 소개하고 싶습니다.

단, 이 책에서도 몇 번 설명하겠지만, 분석에 의하여 산출된 결과는 어디까지나 어떤 이론에 근거한 체계적인 결과일 뿐입니다. 이것이 항상 옳을 수는 없습니다. 이것은 데이터 그 자체가 정확하지 않고, 어떤 편견이 걸린 데이터를 쓰고 있으며, 적용할 모델에 잘못이 있고, 데이터 수가 적은 등의 이유로 결과의 정확도가 나빠지는 경우가 있습니다. 이와 같은 것을 포함하여 필자는 의사결정 모델과 인간에 의한 감이나 경험에 따른 판단과의 적당한 믹스가 최적이라고 생각하고 있습니다. 그런데 현재상황은 후자의 인간에 의한 판단의 비중이 높은 (또는 그만큼의) 케이스가 많다는 것에 문제의식을 가지고 있습니다. 이 책에서도 소개하지만 인간에 의한 판단은 때때로 무의식중에 선입견이나 억측에 의한 판단을 하는 케이스가 있어 결과를 왜곡하고 있습니다. 또, 한편에서 변화의 속도가 점점 빨라지는 현재에 있어서 그다지 빠르지 않은 과거의 사실이나 경험도 순식간에 현재의 상황에 적응할 수 없게 되어버리는 세상이 되고 있는 것도 객관적인 의사결정의 필요성을 높이고 있다고 말할 수 있습니다.

이 책의 독자에 관해서는 전제지식이나 연령, 직무경험 등의 제한은 특별히 없고 아무리 초보라도 실무에서 사용하는 데이터에 대하여 즉시 Excel을 사용하여 응용할 수 있는 내용으로 하고 있습니다. 또한 이론부분에 있어서는 수식이나 수학이론이 베이스로 되어 있는 것도 될 수 있으면 개념적인 설명으로 하여 이론 없이도 혼자 툴을 사용할 수 있는 범위에서 '실무에서 사용하는' 것을 우선으로 하고 있습니다.

이 책을 이해함으로써 아래와 같은 효과를 얻는 것을 목적으로 하고 있습니다.

- 데이터의 유효한 이용에 의해 객관적인 판단을 하기 위한 재료를 효율적으로 손에 넣는다.
- 다양한 분석방법을 알게 됨으로써 지금까지의 분석 작업 일부가 보다 정확하고 효율적으로 할 수 있게 된다.
- Excel에 내장된 편리한 분석도구의 사용방법을 알아 다양한 업무에 응용할 수 있다.
- MBA(Master of Business Administration : 경영학석사)의 의사결정론 수업에서 사용하고 있는 내용의 일부분을 언급할 수 있다.

⇒ 이들의 결과로 보다 신속하고 보다 객관적인 의사결정을 하는 것이 가능하게 된다.

마지막으로 필자가 현재 근무하고 있는 회사에서 "Decision Science(사내 비즈니스스쿨)"라는 제목으로 이 책의 내용을 기반으로 하는 사내강좌를 실시하고 있습니다. 매회 수강희망자가 많고, 실무에 바로 응용할 수 있어 대단히 유익하였다는 반응이 많았습니다. 필자 자신도 이 내용이 특히 국내에서는 아직 체계적으로 정리되어 있는 책이나 강좌가 적은 반면, 알고 싶다고 희망하는 비즈니스맨이 많을 것이라는 실감을 강하게 확신한 바입니다. 특히 통계 전문서나 Excel의 툴로서의 매뉴얼에는 없는 순수한 마케팅의 교과서에도 없는 실용서라는 의미에서는 그동안 좋은 책이 없었다는 것도 필자의 느낌이며 이 점이 사내강좌 수강자에 가장 유익한 것이었다고 생각됩니다. 이 책을 통하여 이와 같은 요망을 가진 독자 여러분에게 조금이라도 도움에 된다면 다행이겠습니다.

2006년 1월

柏木 吉基(Kashiwagi Yoshiki)

　　나는 회사에서 소프트웨어 기획업무를 총괄하고 있는데, 개발할 소프트웨어의 중요한 의사결정의 순간을 많이 겪으면서 늘 부족함을 느꼈다. 더구나 공학을 전공한 사람으로 마케팅과 관련된 업무의 의사결정에는 좀처럼 감을 잡지 못하는 경우가 많았다. 이에 의사결정에 관한 전문서적을 찾던 중 일본 지인으로부터 우연히 이 책을 소개받아 공부하면서 나 자신이 많이 부족하다는 것을 느꼈고 의사결정에 관하여 낳은 도움이 되었다.

　　특히 공학을 전공하고 회사에서 중요한 역할을 맡고 있는 기술자들은 전문분야에서는 뛰어나지만 마케팅 측면에서는 간혹 부족함을 느끼고 있는 경우가 많을 것이다. 대기업에서는 전문적인 교육을 체계적으로 실시하여 부족함을 채워줄 수도 있지만, 대부분은 그렇지 못하기 때문에 의사결정을 내리기 위해서 필요한 최소한의 지식이 알기 쉽게 설명되어 있는 이 책을 번역하게 되었다. 또한 현업에 종사하는 비즈니스맨뿐만이 아니라 배우는 학생들에게도 많은 도움이 될 것으로 보인다.

　　한국에서의 의사결정은 아마도 과거의 경험과 감을 중시하는 경향이 많이 존재하는 것 같다. 경험과 감에 의한 의사결정은 주관적인 요소가 많이 들어가기 마련이기 때문에 보다 객관적인 판단을 하기 위해서 또, 합리적인 판단을 하여 객관적인 결과를 가지고 타인을 설득하기 위해서는 의사결정에 대한 체계적인 학습이 필요할 것으로 보인다. 특히 자신이 근무했던 경험과 상관없는 생소한 분야에서는 어떻게 의사결정을 내려야할지 고민이 많을 것이다. 이럴 때에 보다 현명한 의사결정을 위한 방법이 절실할 것으로 생각된다.

　　이 책은 어디까지나 "정답"을 내는 것이 아니라 될 수 있으면 자의적인 판단을 배제하여 의사결정자가 보다 객관적인 최종판단을 내리기 위하여 지원하는 성격의 책으로 읽어주기 바란다. 또한 이 책은 Excel을 이용하기 때문에 누구나 쉽게 배울 수 있어 많은 사람들이 기본적으로 다룰 수 있고 이해하는 데 도움이 될 것으로 보인다.

　　이 책의 의사결정론은 역자의 전공분야가 아니라 번역에 다소 미흡함이 있으니 너그럽게 이해하시기 바라며, 이 작은 책이 실무에서의 의사결정과 학생들에게 조금이나마 도움이 되기를 희망한다. 이 책이 출판되도록 도와주신 씨아이알의 김성배 사장님과 직원들에게 깊은 감사를 드린다.

2015년 6월

황 승 현

# 차 례　엑셀로 배우는 **의사결정론**

# 01
# 의사결정론에 대하여

# EXCEL

이 장에서는 이 책에서 다루는 의사결정 및 모델링의 고려방법·위상에 대하여 설명합니다. 일련의 의사결정 프로세스에 있어서 의사결정 툴(모델)에서 무엇을 얻을 수 있고, 무엇을 자신이 결정하지 않으면 안 되는지를 상세하게 기술합니다. 또 가장 일반적인 '평균치에 의한 분석'의 한계, 데이터 분석과 리스크와의 관계에 대해서도 소개합니다.

# 의사결정론에 대하여

## 1.1 인간의 주권과 이론

우선은 다음 문제를 생각해봅시다.

다음 중에서 어느 케이스가 일어날 가능성이 높다고 생각합니까?

(1) 2015년 중에 일본의 어느 곳에서 100세대에 피해를 입히는 지진이 발생한다.

(2) 2015년 중에 호쿠리쿠(北陸) 또는 산리쿠(三陸)에서 100세대에 피해를 입힐 수 있는 지진이 발생한다.

그렇다면 당신은 어느 쪽을 선택하겠습니까?

이것과 유사한 문제를 미국에서 실험한 결과 (1)을 선택한 사람보다도 (2)를 선택한 사람이 많다고 합니다. 그 이유는 자기 자신에게 보다 선명하게 연상할 수 있는 또는 바로 그 광경이 떠오르기 쉽기 때문에 일어날 가능성이 높다고 느끼는 편견을 가지고 있는 것으로 알려져 있습니다. 실제로 위의 문제는 '가능성(확률)'을 묻고 있어서 분명히 (1)은 (2)의 사실을 포함하고 있어 이론적으로 (2)가 일어난다면 그때는 동시에 (1)도 반드시 일어나 있을 것이다. 따라서 정답은 (1)일 것입니다. 물론 쉽게 정답을 깨달은 분도 많이 있을 거라고 생각합니다만,

인간의 주관은 때때로 이론적인 판단과 같아서는 안 된다는 것을 이해할 수 있겠습니까?

하나의 예를 봅시다.

당신은 어느 신제품의 판매를 담당하는 매니저입니다. A, B, C 3개의 디자인 중에서 하나를 선택하여 최종적인 제품으로 시장에 신규로 내놓게 됩니다. 지금 세 사람의 직원 X 군, Y 씨, Z 군으로부터 제품디자인의 후보에 대하여 다음과 같은 리포트를 받았습니다.

> **X 군** : 저는 이 업계에서 과거 10년간에 걸친 경험으로 보면 디자인 A를 가장 많이 팔 수 있다고 확신하고 있습니다.
>
> **Y 씨** : 어제, 무작위로 10명을 선정하여 앙케트를 실시하였는데, 10명 중에 7명이 디자인 B가 가장 좋다고 하였습니다. 저는 디자인 B를 추천합니다.
>
> **Z 군** : 저도 어제 무작위로 1,000인을 선정하여 앙케트를 실시하였습니다. 그 결과 650명이 디자인 C가 가장 좋다고 하였습니다. 저는 디자인 C를 추천합니다.

이것은 지극히 작은 예이지만, 당신은 매니저로서 리포트 중에 어느 것을 신뢰하여 어떤 의사결정을 내리겠습니까? 여기서 정답은 이것이라고 단언하지는 않습니다. 앞으로 이 책을 공부하는 분들에 대한 문제제기로 두겠습니다.

일상적으로 있을 수 있는 이런 상황에서 어떻게 하면 보다 좋은 의사결정을 내릴 수 있을 것인가를 염두에 두고 이 책을 보기 바랍니다.

## 1.2 평균치의 공과

우리가 일상생활을 하는 중에 또는 비즈니스업무 중에 사용하는 의사결정방법에는

- 과거의 경험
- 감
- 데이터 분석

등과 같이 크게 3가지가 있을 것으로 봅니다. 이 중에서 가장 많이 사용하는 데이터 분석방법으로 평균을 취하고 있다고 생각합니다.

하나의 예를 봅시다.

그림 1.1은 히스토그램이라는 어느 일정한 범위에 있는 대상을 나타낸 것입니다(이 경우는 가로축에 나타낸 범위의 저축금액을 가진 사람의 합계를 세로축에 나타낸 것입니다).

이 데이터의 평균치는 1,764만 원이라고 합니다. 어떤 느낌을 받았습니까?

참고로 기본통계량으로 사용하는 Mode(최대빈수)와 Median(중간정도 값)을 병기하여 보았습니다. Mode란 가장 많은 수(사람 수)가 존재하는, 즉 가장 출현빈도가 높은 데이터 구간을 가리킵니다(여기서는 가장 우측의 4,000만 원 이상의 빈도가 가장 높지만, 4,000만 원 이상을 전부 포함하고 있기 때문에 데이터 구간을 구별하여 본 경우에 각각의 빈도는 그 정도 높지 않은 것이라는 가정에 의하여 제외시켰습니다). 한편 Median(중간정도 값)이란 각각 개개의 데이터를 작은 것부터 큰 것으로 정렬해 놓았을 때의 중간 값을 가리킵니다.

그러면 다시 한 번 그래프를 보면서 1,764만 원이라는 평균치에 대하여 생각해봅시다. 전체의 평균이라는 의미에서는 헷갈림이 없는 것이 사실이지만 이것만을 전해들은 사람에게는 전체 데이터의 흩어진 이미지를 일절 배제한 결과만을 전하게 될 수밖에 없습니다. 적어도 '평균치인 1,800만 원 전후의 저축액을 가지고 있는 사람이 대부분이다' 등 잘못된 생각을 하지 않도록 하는 것은 중요합니다. 여기에도 하나 '데이터에서 확실하고 정확하게 사실을 보는 중요성'이 있습니다. 보다 좋은 의사결정을 내리는 첫발을 내딛는 것이 가능하겠지요.

그럼 평균치에 관한 하나의 예를 봅시다.

내가 지금 다니고 있는 직장에서도 이전의 직장에서도 노동조합으로부터 노동시간 단축근무 장려 때문에 부서별로 평균 잔업시간이 많은 순서로 정렬하여 어느 부서가 잔업을 많이 하고 있는지 게시판에 기재하였습니다. 이것을 보고 직원들은 어떤 부서에는 가고 싶지 않다고 생각할 수도 있습니다.

그림 1.2는 28명으로 구성된 A부, B부 각각의 직원들에 대한 잔업시간을 나타내고 있습니다. 각각의 평균잔업시간만을 보면 거의 같습니다. 즉, 노동조합의 조사에서는 거의 같은 열에 기재되어 있겠죠. 그런데 앞에서 소개한 히스토그램으로 이것을 나타내보면 큰 차이가 나는 것을 알 수 있습니다.

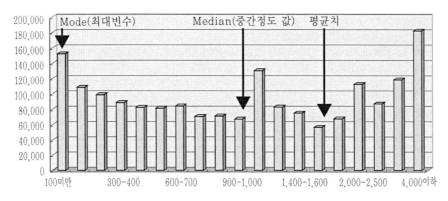

**그림 1.1** 저축현재고(2004년 7～9월 : Sample 수 1,811,287)

A 부서의 어느 달의 잔업시간

| 89 | 100 | 92 | 98 | 90 | 45 | 68 | 44 | 42 | 50 | 55 | 30 | 29 | 29 | 28 | 29 | 30 | 31 | 32 | 33 | 35 | 39 | 29 | 35 | 32 | 28 | 29 | 31 |

B 부서의 어느 달의 잔업시간

| 40 | 49 | 52 | 40 | 48 | 39 | 39 | 43 | 46 | 45 | 45 | 40 | 40 | 49 | 50 | 44 | 53 | 52 | 51 | 52 | 42 | 53 | 49 | 50 | 51 | 47 | 49 | 42 |

A부 평균잔업시간 : 46.5시간
B부 평균잔업시간 : 46.4시간

**그림 1.2** 평균잔업시간

평균에서는 거의 같은 수치가 구해진 것임에도 불구하고 그 내용에는 상당히 차이가 있음을 이해할 수 있겠습니까? A 부서에서는 일부 직원이 상당히 많은 잔업을 하여 전체의 평균을 끌어 올리고 있는 반면, 그 정도로 잔업을 하지 않는 사람도 많이 있습니다. 결과로서 평균에 가까운 잔업시간의 직원 수는 적은 것을 알 수 있습니다. 이것에 비하여 B 부서에서는 평균잔업시간 부근에 대부분의 직원이 모여 있는 것을 알 수 있습니다. 이들이 나타내고 있는 사실에 큰 차이가 있다고 말할 수 있겠지요. 이 흩어진 데이터를 정량적으로 표현하는 방법으로는 앞에서 소개한 Mode/Median 외에 분산과 표준편차와 같은 것이 있습니다. 여기서 이들의 상세한 내용은 생략하지만, Excel의 함수에도 VAR나 VARP를 이용하여 분산을 구하거나 STDEV나 STDEVP를 이용하여 표준편차를 구할 수 있습니다(마지막에 붙어 있는 P라는 것은 데이터를 모집단에서의 샘플로 인식하거나 모집단으로 인식하느냐의 차이를 나타냅니다).

분산과 표준편차, 모집단이나 샘플에 대한 것은 제4장에서 설명합니다.

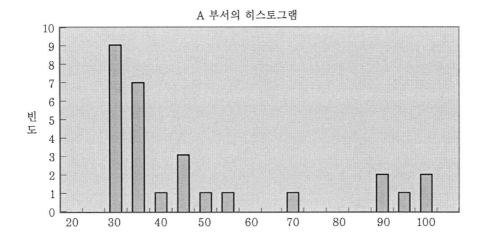

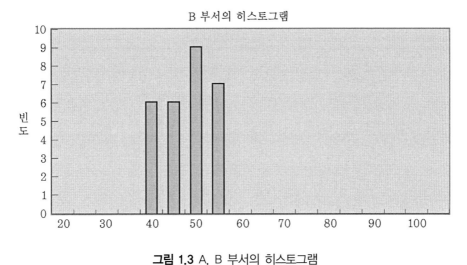

**그림 1.3** A, B 부서의 히스토그램

## 1.3 리스크와 데이터 분석

우리는 일상생활에서 리스크라는 단어를 자주 사용합니다. 특히 비즈니스의 세계에서는 리스크(risk)와 오퍼튜니티(opportunity)라는 단어를 대상으로 이용하는 경우가 많다고 생각합니다. 일반적으로 사용되는 리스크에는 네거티브(negative)한 의미가 있는데, 여기에서는 감히 파이낸스이론, 투자이론 등에 사용되고 있는 '리스크' 방식을 사용하고 싶습니다. 물론 비즈니스스쿨에서 의사결정론에서의 '리스크'도 앞으로 소개하는 의미로 사용되고 있습니다. '리스크'는 '장래 일어나 얻을 수 있는 결과의 폭'이라고도 말할 수 있겠죠? 즉 장래를 예측할 수 없는 사항에서는 좋은 것도 나쁜 것도 몇몇 일어날 가능성이 있는 경우가 대부분입니다. 이 긍정적(positive)인 결과도 부정적인 결과를 포함하여 그 편차의 폭을 '리스크'라고 부르고 있습니다. 일례로서 주식을 100만 원에 매입하였다고 합시다. 1개월 후의 가격을 정확히 예측하는 것은 곤란한 것이 110만 원이 되던가 95만 원이 될 가능성이 있기 때문입니다. 일반적으로는 가치가 내려갈 가능성만을 가리켜 리스크라고 표현하지만, 여기서의 '리스크'는 10만 원의 가치가 올라가는 것도 포함하여 장래의 결과가 흔들리는 불확실성을 총칭하여 '리스크'라고 말하는 것입니다. 좀 더 딱딱한 표현을 하면 "리스크라는 개념은 장래의 불확실성에 대한 우리의 인식에 의하여 발생하는 것이며, 장래의 불확실성이라는 것은 지금의 행동에 대한 장래의 결과를 알 수 없는 우리 능력의 한계에 따르는 것이다"라고 말할 수 있습니다.

이와 같은 '리스크'의 이해에 따르면 어떤 완벽한 데이터 분석 툴을 사용하여 운을 향상시켜도 '리스크'를 줄일 수 없다는 것을 알 수 있습니다. 그렇기 때문에 데이터를 분석함으로써 현안이 되고 있는 문제를 보다 나은 이해를 실현하여 그 결과를 고려하는 것이 결과적으로 보다 좋은 의사결정으로 이어진다는 것입니다. 예를 들면 어떤 분석방법으로 내일의 날씨를 예측하여도 내일의 날씨 자체(즉, 리스크)를 바꿀 수는 없습니다. 그러나 정확도가 높은 예측을 하는 것으로 내일 어떻게 행동해야 할 것인가의 의사결정을 Support하게 됩니다.

앞으로 소개하는 다양한 분석 툴과 모델은 어차피 인간이 컨트롤할 수 없는 '리스크(불확실성)'를 눈앞에 두고 얼마나 정확하게 사실을 파악하여 의사결정 Support로서 유용하게 사용하는가 하는 것에 따르는 것입니다.


## 1.4 모델링(Decision Modeling)

의사결정방법에 대한 얘기로 되돌아가면, 다양한 의사결정의 방법이나 툴을 모델, 의사결정을 위한 현상(現狀)에 맞춘 조건을 준비한 모델을 구축하는 것을 모델링(Decision Modeling)이라 합니다. 여기에서는 Decision Modeling의 위상에 대하여 필자의 생각을 설명하겠습니다.

그림 1.4 (1)을 보도록 하겠습니다. 화살표의 기점을 지금 자신이 서 있는 곳이라고 합시다.

다음의 스텝으로서 그림 중의 어느 방향으로 가야 할 것인가의 판단이 필요합니다. 그러나 이 경우에 나아갈 수 있는 방향이 무수히 많아 선택사항은 무한이라고 할 수 있습니다. 다음에 (2)를 보십시오. 일반적으로 판단의 대소에 매달리지 않고, 무한한 선택 사항 중에서 자신의 감과 경험을 바탕으로 한 결과(혹은 나아갈 방향)를 예측할 수 있는데, 이것에 의하여 나아갈 방향의 범위가 좁아집니다. 여기서 이 범위의 어딘가에 들어가기 전에 한 발 앞서 객관적인 이론값을 모델에 의해 분석함으로써 '리스크'에 대한 대응의 질을 높이는 것이 이 책에서 다루는 내용입니다. 만약 모델에 의하여 산출한 결과가 앞서 자신의 경험이나 감에 의해 추측한 범위에 들어가 있으면 얘기는 상당 부분 단순하여 양쪽이 같은 결과를 나타내는 방향으로 나갈 것이라는 결과가 됩니다. 그러나 때때로 사람의 판단에는 편견이 있거나 기타 다양한 요인으로 자신이 예상한 범위 외의 답이 모델에 의해 구해지는 경우도 있습니다. 이 경우는 이 이론값을 바탕으로 어떻게(어떤 방법으로) 자신의 경험이나 감으로 얻어진 범위 중에서 답을 찾아내는 것을 스스로 판단할 필요가 있습니다[그림 1.4 (3), (4)]. 다시 말하면 Decision Modeling이라는 것은 신의 툴이 아니어서 아무런 정답을 주지 않고, 어디까지나 Support 툴이라고 말한 것은 이 점 때문입니다. 어떤 판단도 의사결정자 자신에 의한 최종결단이 필요한 것입니다.

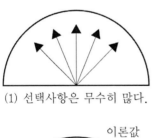

(1) 선택사항은 무수히 많다.

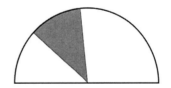

(2) 감이나 경험을 바탕으로 한 예측범위

(3) 이론값과의 비교검토

(4) 의사결정자에 의한 최종판단

**그림 1.4** 이론값과 경험범위

이를 위한 정보를 사전에 얼마나 높은 질과 정확도로 얻을 수 있는지가 중요한 것이라고 생각합니다. 컴퓨터가 산출한 결과를 통째로 믿거나 툴을 단순하게 사용하여 '정답'을 얻을 것이라는 생각은 올바르지 않습니다. 그렇지만 다양한 정보를 객관적으로 제공해 주는 Decision Modeling은 대단히 매력적이며 유용하다는 것을 필자 자신도 실무에서 몇 번이나 실감한 경험이 있습니다. 모델에 의한 분석결과와 경험이나 감에 의한 인간의 판단과의 양쪽을 균형 있게 잘 이용함으로써 최적의 판단 자료가 될 것이라고 믿고 있습니다. 단, 이 균형은 케이스별로 달라 그야말로 '정답은 이것이다!'라는 것을 기술하는 것은 거의 불가능하다고 생각됩니다.

지금부터 이 책에서 다루는 다양한 모델을 공부하기 전에 모델이 하지 않는(다른 말로 하면 인간이 할) 것은 무엇인지에 대해 설명하겠습니다. 그림 1.5를 보십시오.

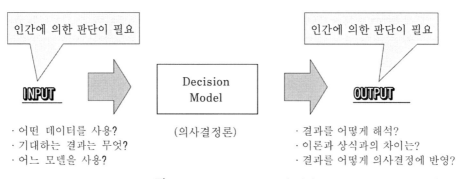

**그림 1.5** Decision Modeling의 범위

### 1.4.1 데이터수집

데이터 분석에 의해 무언가 의사결정을 하기 위한 첫걸음은 데이터를 입수하는 것부터 시작합니다. 입수하는 방법은 그 데이터의 질이나 목적에 따라 다르며, 본래 그것에 맞는 수집 방법이나 데이터 규모가 결정됩니다. 하지만 현실에서는 필요한 것을 손에 넣을 수 없거나 손에 넣어도 그 데이터의 양(샘플 사이즈)에는 한계가 있는 것이 많고, 시간이나 입수 가부 등의 제약 중(개수, 질 양쪽의 의미에서)에서 한정된 데이터를 쓸 수밖에 없는 일도 자주 있습니다. 시간을 두고 처음부터 데이터를 수집해야 할지 또는 어떻게 정확하고 효율적으로 필요한 데이터를 모을지 전문가에게 상담해야 하는 것은 아닌지에 대한 판단은 인간이 제일 먼저

해야 할 액션이 아니겠습니까? 또, 보다 중요한 것은 어떤 데이터가 필요하냐는 것도 컴퓨터가 알 수 없다는 것입니다. 이것도 기대하는 결과나 목적을 충분히 지켜보면서 편견을 갖는 일 없이 인간이 판단해야 할 일 중에 하나입니다.

### 1.4.2 모델선정

다음에 필요한 것은 목적을 얻기 위하여 어떤 모델을 선택할 것인가입니다. 가장 간단한 Excel 함수를 사용하는 것부터 전문적이면서 복잡한 모델의 응용까지 선택사항은 많이 있지만, 이 책에서는 비교적 사용하기 쉬운 모델을 소개할 예정입니다. 또한 모델은 간단한 블랙박스로 사용하면 못 쓸 것도 아니지만, 필자는 이것은 어떤 의미에서는 위험하다고 생각하고 있습니다. 특히 필자의 과거 강사경험에서 보면 버튼 하나를 누르면 어려운 분석도 순식간에 정답이 펑! 하고 나와 주기만을 기대하는 경향이 모델 사용자에게 보이기도 하였습니다. 마음은 잘 알고 있지만, 간단하게 자신이 계산할 수 없는 복잡한 상황을 해석해주어야 의사결정 모델의 고마움을 느끼는 것도 사실입니다. 필자가 이 책의 큰 목적의 하나로 한 것은 계산알고리즘의 상세한 전부를 알 필요는 없고 기본적인 모델의 계산구조와 답을 찾아내는 데 어떤 방법을 사용하고 있는가 하는 것을 알고 모델을 사용하는 것이라고 생각하고 있습니다. 이것은 모델을 선정할 때에도 매우 중요합니다. 왜냐하면 그 모델의 특징이나 기본적인 구조를 모르면 최적의 모델선정을 하지 못할 것이기 때문입니다. 게다가 얻어진 결과에 대한 적정한 판단도 할 수 없게 됩니다(뒤에서 기술). 이와 같은 이유에서 올바른 결과를 얻기 위해서도 필요최소한의 이론을 알고 있는 것이 중요합니다.

### 1.4.3 결과의 해석과 검증

데이터를 입력하여 해석결과를 얻은 후, 사람에 의해 필요한 작업은 결과자체에 대한 해석입니다. 결과라는 것은 모델에 따라서는 수시로 얻을 수 있습니다. 그러나 그것은 하나의 단순한 무미건조한 수치일 뿐입니다. 아무런 생각 없이 100% 그대로 믿고 그것을 '진실'로 받아들여 버린다면 결과적으로 그것이 맞을지도 모르지만 역시 거기에는 의사결정자에 의한 해석이 들어가야 합니다. 즉, 인간의 감이나 과거의 경험·상식에 비추어 타당한지 여부를 판단해 보면 가치는 있습니다. 그것에 의해 모델을 만들 때의 실수나 데이터를 수집할 때의 미스가 발견된 예도 많이 있습니다. 필요하면 그것을 고쳐 다시 모델을 수정하면 됩니다. 실제의 업무에서는 최종적으로 어떤 목적으로 어떤 입장의 상대에 대하여 이 결과를 이용할 것인가에 따라서 모델의 결과에 대해서도 조정이 필요한 경우가 더러 있습니다. 예를 들면 모델에 의하여 적정 가격이 10,000원으로 나왔다고 해도 고객과의 협상을 고려하여 그것보다 높게(예를 들면 12,000원) 제안하기도 합니다. 또 다른 모델에서 적정재고가 1,000개 나왔다 해도 특별한 프로모션 때문에 다음 달은 보통 때보다도 많은 판매를 예상하여 실제로는 1,100개의 재고를 확보하는 행동을 취하라는 결정을 내릴 때도 있지 않을까요? 요컨대 모델이 분석·산출한 결과가 나온 곳이 끝이 아니라 이것들을 어떻게 사용할 것인지의 판단도 중요하다고 할 수 있습니다. 그렇지만 제로베이스에서의 판단과 모델의 결과에 의거한 판단에서는 판단의 시작 지점이 전부 다르며 보다 좋은 판단을 할 수 있는 것은 후자일 것입니다.

**포인트**
- 감이나 경험만이 아닌 객관적인 사실을 파악하여 의사 결정에 연결시키는 것이 중요하다.
- 평균을 보는 것만으로는 알 수 없는 사실을 다양한 데이터 분석으로 알 수 있다.
- 리스크(불확실성)를 컨트롤할 수 없지만 불확실한 현상을 파악하여 적절한 의사결정을 세우는 것이 중요하다.
- 의사결정 툴(Decision Model)은 만능 툴이 아닌 인간에 의한 판단이 들어가야 할 부분도 있다.

# 02
# 데이터 분석을 위한 기초지식

EXCEL

구체적인 의사결정 모델을 소개하기 전에 Excel을 베이스로 한 기본적인 분석기능과 지식에 대하여 설명합니다. 이미 알고 있으면 이 장은 건너뛰어도 됩니다. 또, 개개의 의사결정 모델을 소개할 때에 필요한 기초지식에 대해서는 각각의 장에서 설명합니다. 여기서는 그 전 단계가 되는 지식에 대하여 설명합니다.

# 데이터 분석을 위한 기초지식

## 2.1 통계와 관련된 Excel 함수

통계와 관련된 Excel에 내장되어 있는 함수의 대표적인 것에 대하여 살펴보겠습니다.

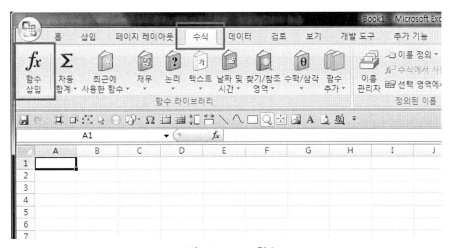

**그림 2.1** Excel 함수

그림 2.1과 같이 [수식]-[함수삽입]을 선택합니다. 그러면 그림 2.2와 같이 [범주 선택] 리스트 중에서 '통계'를 선택하면 통계와 관련된 함수의 일람이 리스트로 표시됩니다. 각각의 함수에 대한 설명은 Excel의 도움말에 설명되어 있으므로 여기서는 대표적인 함수에 대해서 만 설명하겠습니다.

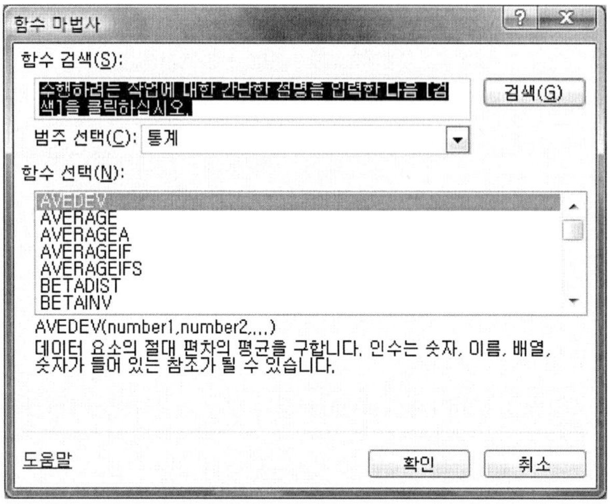

**그림 2.2** 통계함수 일람

AVERAGE : 어떤 데이터의 평균값을 출력합니다. Excel의 셀에서 = AVERAGE( )를 입력 하거나 상기의 함수일람표에서 선택하면 표시되는 Dialog에 데이터의 범위를 지정합니다. 데이터의 범위는 Sheet에서 대상범위를 선택하면 자동으로 입력 됩니다. 아래의 다른 함수에 대해서도 입력방법은 동일합니다.

MAX/MIN : 선택한 데이터의 집합 내에서 최대와 최소치를 출력합니다.

MEDIAN : 선택한 데이터의 집합 내에서 중앙값을 출력합니다. 중앙값은 데이터를 작은 값부터 큰 값까지 순서대로 정렬한 것 중에 순서가 정중앙인 값입니다. 데이 터의 수가 짝수일 때에는 정중앙의 값이 존재하지 않으므로 그 전후 값의 평균 이 됩니다.

MODE : 최빈값이라 부르며, 데이터 집합 중에서 가장 많이 나타내는 값을 출력합니 다. 이것은 수치의 대소에는 관계가 없습니다. 그림 1.1을 다시 한 번 보게 되 면 어느 요소가 가장 많이 나타나고 있는지 라는 관점에서 데이터를 볼 수 있 을 것이라고 생각합니다.

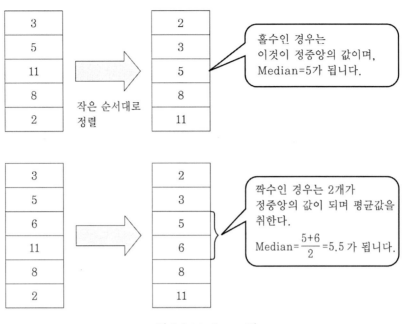

**그림 2.3** Median 그림

VAR : 분산(variance)이라고도 말하며, 데이터가 흩어지는 것을 나타냅니다. 데이터가 흩어진다고 하는 것은 데이터의 집합 중에 수치 간의 폭의 크기라고 말할 수 있습니다. 그림 2.4로 그림을 그려보세요. 데이터 분석을 추진하는 데 있어서 잘 알고 있는 평균값은 물론이고 평균값으로는 알 수 없는 데이터의 흩어짐(분산)을 잡는 것이 중요합니다. 예를 들면 2종류의 테스트를 한 각 사람의 결과가 다음과 같습니다.

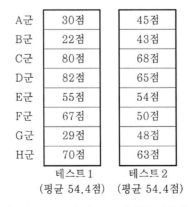

**그림 2.4** 2종류의 테스트 결과를 사용한 예

평균만을 비교하면 테스트1과 2는 같습니다. 그러나 평균인 54.4점에서 5점 높은 점수(즉 60점)가 얼마나 평균에서 의미 있는 높은 점수냐는 의미 부여가 다릅니다. 그림 2.4의 수치를 보면 왠지 모르게 그 데이터의 흩어진 정도가 테스트2에 비하여 테스트1이 큰 것을 알 수 있다고 생각합니다. 이것에 대하여 Excel을 사용하여 분산을 산출한 예가 그림 2.5와 같습니다.

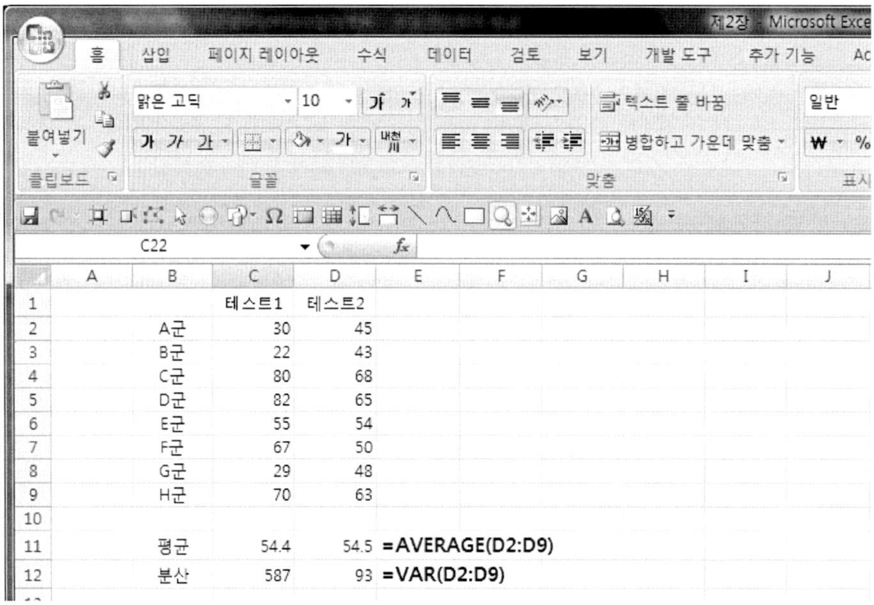

| | A | B | C | D | E |
|---|---|---|---|---|---|
| 1 | | | 테스트1 | 테스트2 | |
| 2 | | A군 | 30 | 45 | |
| 3 | | B군 | 22 | 43 | |
| 4 | | C군 | 80 | 68 | |
| 5 | | D군 | 82 | 65 | |
| 6 | | E군 | 55 | 54 | |
| 7 | | F군 | 67 | 50 | |
| 8 | | G군 | 29 | 48 | |
| 9 | | H군 | 70 | 63 | |
| 10 | | | | | |
| 11 | | 평균 | 54.4 | 54.5 | =AVERAGE(D2:D9) |
| 12 | | 분산 | 587 | 93 | =VAR(D2:D9) |

**그림 2.5** 평균과 분산

여기서 출력된 분산의 값을 해석하기 위하여 그 산출방식에 대하여 살펴보겠습니다. 분산은 일반적으로 $S^2$로 다음과 같이 나타냅니다.

$$S^2 = \frac{(x_1 - \bar{x})^2 + (x_2 - \bar{x})^2 + (x_3 - \bar{x})^2 + \cdots + (x_n - \bar{x})^2}{n-1} \tag{2-1}$$

여기서, $x_1$, $x_2$, $x_3$,$\cdots$ $x_n$ : 각 데이터의 값

$\bar{x}$ : 데이터의 평균값

$n$ : 데이터의 수(표본의 크기)

위의 공식에서 분자는 각 데이터와 평균값과 차이의 2승을 더하고 있는 것을 알 수 있습니다. 즉, 평균에서의 흩어짐(즉 평균과의 차)을 산출하고, 그 합계를 하고 있는 것을 읽을 수 있습니다. 또, 각각에 대하여 2승을 한 것은 각 데이터가 평균보다 큰 경우와 작은 경우의 양쪽을 고려하여, 그것에 의한 평균과의 차이가 플러스가 되거나 마이너스가 되기 때문입니다. 이것을 그대로 더해 가면, 플러스 부분과 마이너스 부분에서 각각 차이의 합계를 산출할 수 없기 때문입니다.

실제의 데이터(그림 2.6)를 사용하여 이를 증명해 보도록 하겠습니다. 데이터 집합(A, B, C)와 데이터 집합(D, E, F)에 대하여 데이터의 흩어짐 정도를 어떻게 수치화하여 비교할 수 있습니까?

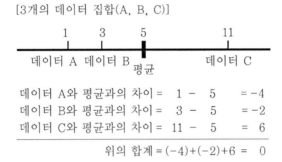

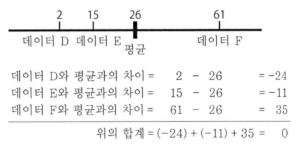

**그림 2.6** 흩어짐이 다른 2개의 데이터 분석 예

흩어짐의 폭이 작은 데이터의 집합(A, B, C)도 폭이 큰 데이터 집합(D, E, F)도 플러스와 마이너스가 상쇄되어 제로가 되어 버렸습니다.

그럼 위와 같은 것을 2승한 값을 사용해보겠습니다.

데이터 A와 평균과의 차에 2승 $= (1-5)^2 \quad = 16$

데이터 B와 평균과의 차에 2승 $= (3-5)^2 \quad = 4$

데이터 C와 평균과의 차에 2승 $= (12-5)^2 \quad = 49$

위의 합계 $= 16+4+49 = 69$

데이터 D와 평균과의 차에 2승 $= (2-26)^2 \qquad = 576$

데이터 E와 평균과의 차에 2승 $= (15-26)^2 \qquad = 121$

데이터 F와 평균과의 차에 2승 $= (61-26)^2 \qquad = 1225$

위의 합계 $= 576+121+1225 \quad = 1922$

69와 1922라는 수치 그것에는 의미가 없지만, 흩어짐이 작은 데이터 집합(A, B, C)과 흩어짐이 큰 데이터 집합(D, E, F)의 흩어짐이 다른 것을 상대적으로 나타내고 있는 것을 알 수 있습니다. 이것이 2승을 사용하는 이유입니다.

마지막에 이들의 합계를 '데이터 수−1(이것을 $n-1$로 나타냅니다)'로 나눈 것이 분산이 됩니다. 이 책의 범위를 벗어나기 때문에 상세한 설명은 하지 않지만, 만약 다루는 데이터가 바탕이 되는 데이터 집합의 모든 것인 경우(이것을 모집단이라 합니다), $n-1$ 대신에 모든 데이터의 수인 $n$으로 나눕니다. 이것에 대하여 모집단에서의 샘플(표본)인 데이터를 다루는 경우는 $n-1$로 나눕니다. 예를 들면 서울의 고등학교 3학년생이 같은 시험을 쳐서 그 점수에 대하여 분석을 하는 경우에 모든 학생의 데이터를 사용하면 모집단이 되지만, A 고등학교와 B 고등학교의 학생 데이터를 이용하여(모집단을 대표하여) 분석이나 계산을 하는 경우에 이것은 샘플(표본)이 되며, $n-1$로 나누는 것이 됩니다. Excel에서 분산함수인 'VAR'는 $n-1$이 분모가 되는 샘플용의 함수, 'VARP'는 $n$이 분모가 되는 모집단용의 함수로 준비되어 있습니다(P는 Population : 모집단의 의미).

마찬가지로 다음에 설명하는 표준편차에서도 샘플용의 STDEV와 모집단용의 STDEVP가 쓰이고 있습니다. 필자는 이용하는 데이터가 명확하게 모집단이라는 확신이 없을 때에는 전부 샘플데이터로 다루고 있습니다. 이 샘플과 모집단에 대해서는 제4장에 설명하겠습니다.

STDEV : 표준편차(Standard Deviation)는 분산의 평방근(루트)을 취한 것입니다. 분산을 계산함으로서 흩어짐의 대소를 파악할 수 있다는 것을 알 수 있었습니다. 그러나 2승을 하여 산출한 분산의 값 그것에는 의미가 없고, '어느 정도' 흩어졌는지 원래의 데이터와 같은 단위에서는 알 수 없습니다. 그래서 등장하는 것이 표준편차입니다. 이 표준편차는 이른바 '표준값'의 계산에도 쓰이고 있습니다.

앞의 예로 구체적으로 계산해보겠습니다.

테스트1의 표준편차 = 테스트1의 분산 평방근 = $\sqrt{587} = 24.2$

테스트1의 표준편차 = 테스트1의 분산 평방근 = $\sqrt{93} = 9.6$

분산은 공식에서도 알 수 있는 것처럼, 평균과의 차이를 계산할 때에 플러스마이너스에 의한 상쇄가 일어나지 않도록 2승을 하였습니다. 이 결과에 평방근을 사용하여 2승을 원래대로 되돌리고 있는 것입니다. 이것에 의하여 원래 사용하였던 데이터와 같은 단위로 그 크기를 파악할 수 있도록 되어 있습니다. 실무에서도 분산만으로는 그 수치의 크기로서의 의미가 없기 때문에 그대로 그 결과를 응용하는 것은 어렵습니다. 한편, 표준편차는 그 흩어짐의 정도를 정량적으로 알 수 있어, 그 흩어짐의 대체적인 폭을 실제의 수치로 하는 것으로 다양한 분석에 사용할 수 있습니다. 필자는 가장 기본적인 데이터를 읽어 내는 방법으로 평균치와 표준편차를 병용하는 것을 자주 사용합니다.

그림 2.7은 테스트 1과 테스트 2 데이터의 흩어짐을 이미지로 나타낸 것입니다. 대략적으로 평균에서 표준편차까지의 사이(플러스/마이너스 양방향)에는 전체 데이터 수의 약 2/3가 들어가고 있다고 생각됩니다. 즉,

표준편차가 크다
  = 2/3의 데이터가 들어간 폭이 넓다
  = 흩어짐이 크다

라는 것이 됩니다.

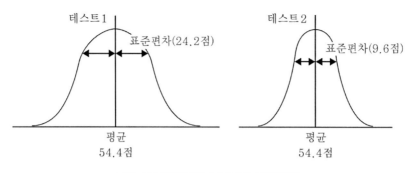

**그림 2.7** 데이터의 이미지와 표준편차

참고로 STDEV함수(표준편차)를 이용한 예를 그림 2.8에 소개합니다.

테스트2에서 함수로 입력하는 함수 형식을 우측에 표시하였습니다.

| | A | B | C | D | E |
|---|---|---|---|---|---|
| 1 | | | 테스트1 | 테스트2 | |
| 2 | | A군 | 30 | 45 | |
| 3 | | B군 | 22 | 43 | |
| 4 | | C군 | 80 | 68 | |
| 5 | | D군 | 82 | 65 | |
| 6 | | E군 | 55 | 54 | |
| 7 | | F군 | 67 | 50 | |
| 8 | | G군 | 29 | 48 | |
| 9 | | H군 | 70 | 63 | |
| 10 | | | | | |
| 11 | | 평균 | 54.4 | 54.5 | =AVERAGE(D2:D9) |
| 12 | | 분산 | 587 | 93 | =VAR(D2:D9) |
| 13 | | 표준편차 | 24.2 | 9.6 | =STDEV(D2:D9) |
| 14 | | | | | |
| 15 | | | | | |

**그림 2.8** Excel 함수를 이용한 표준편차의 계산 예

지금까지 기본적인 통계량을 산출하기 위한 Excel 함수의 방법을 기술하였지만, 이것을 포함한 '기본통계량'을 한 번에 표시해주는 기능이 Excel에 내장되어 있습니다. 이것을 같은 데이터 예를 사용하여 소개합니다.

우선 [데이터]-[데이터 분석]을 선택합니다(그림 2.9). [데이터 분석]이 표시되지 않는 경우는 [Excel 옵션] [추가 기능]에서 [이동] 버튼을 클릭하면 표시되는 [추가 기능] Dialog에서

[분석 도구]에 체크하고 다시 한 번 시도해주십시오. 그러면 [데이터 분석] Item이 표시되어 있을 것입니다.

**그림 2.9** 분석 도구의 선택

다음에 Add-in의 설정 후, Excel에서 리본메뉴의 [데이터]-[분석] Ribbon Panel에서 [데이터 분석] Item을 클릭하면 표시되는 [통계 데이터 분석] 다이얼로그에서 '기술 통계법'을 선택하고 [확인] 버튼을 클릭합니다(그림 2.10).

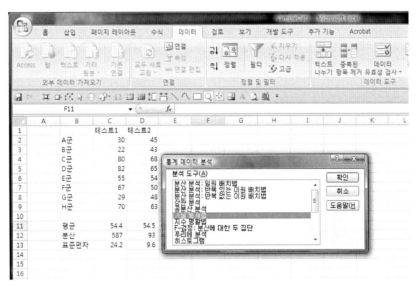

**그림 2.10** 기술 통계법의 선택

마지막으로 데이터의 입력범위를 선택하고(이 경우는 테스트1과 테스트2라는 라벨도 선택하고 있으므로 '첫째 행 이름표 사용'에 체크를 합니다) '요약 통계량'에 체크를 합니다. 출력 범위의 셀을 지정하고 [확인] 버튼을 클릭합니다(그림 2.11).

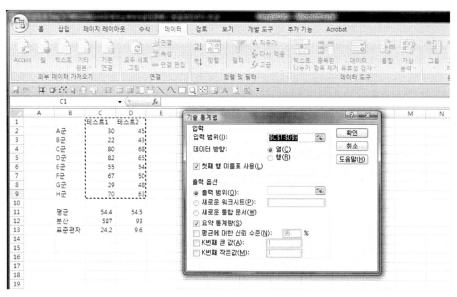

**그림 2.11** 기술 통계법의 설정

그러면 결과를 볼 수 있습니다. 지금까지 기술한 통계정보 이외의 항목이 포함된 형식으로 결과가 표시됩니다(그림 2.12).

| | A | B | C | D | E | F | G | H | I | J |
|---|---|---|---|---|---|---|---|---|---|---|
| 1 | | | 테스트1 | 테스트2 | | | | | | |
| 2 | | A군 | 30 | 45 | | | | | | |
| 3 | | B군 | 22 | 43 | | 테스트1 | | 테스트2 | | |
| 4 | | C군 | 80 | 68 | | | | | | |
| 5 | | D군 | 82 | 65 | | 평균 | 54.375 | 평균 | 54.5 | |
| 6 | | E군 | 55 | 54 | | 표준 오차 | 8.566832845 | 표준 오차 | 3.406925719 | |
| 7 | | F군 | 67 | 50 | | 중앙값 | 61 | 중앙값 | 52 | |
| 8 | | G군 | 29 | 48 | | 최빈값 | #N/A | 최빈값 | #N/A | |
| 9 | | H군 | 70 | 63 | | 표준 편차 | 24.23066239 | 표준 편차 | 9.636241117 | |
| 10 | | | | | | 분산 | 587.125 | 분산 | 92.85714286 | |
| 11 | | 평균 | 54.4 | 54.5 | | 첨도 | -1.951217618 | 첨도 | -1.781741065 | |
| 12 | | 분산 | 587 | 93 | | 왜도 | -0.281421668 | 왜도 | 0.316752939 | |
| 13 | | 표준편차 | 24.2 | 9.6 | | 범위 | 60 | 범위 | 25 | |
| 14 | | | | | | 최소값 | 22 | 최소값 | 43 | |
| 15 | | | | | | 최대값 | 82 | 최대값 | 68 | |
| 16 | | | | | | 합 | 435 | 합 | 436 | |
| 17 | | | | | | 관측수 | 8 | 관측수 | 8 | |
| 18 | | | | | | | | | | |

**그림 2.12** 기술 통계법의 결과

앞에서 설명한 함수를 이용한 평균, 표준편차, 분산의 값을 확인할 수 있습니다.

## 2.2 의사결정에 필요한 통계방법

    지금까지 Excel에 내장되어 있는 통계와 관련된 함수 몇 가지를 소개하였습니다. 그러면 어떤 통계방법이 의사결정에 필요하겠습니까? 물론 이것에 대하여 명확하게 규정되어 있는 것은 아니지만, 이 책에서 소개하는 통계방법(모델)은 의사결정을 목적으로 비교적 자주 이용되는 것들입니다. 여기서 이 책에서 소개하는 모델에 대하여 간단히 소개합니다.

**표 2.1** 이 책에서 소개하는 모델

| 모델 | 해설 | 이 책의 장 |
|---|---|---|
| 상관계수 | 복수의 데이터 사이의 비례적인 관계의 정도를 정량적으로 나타내는 것으로 관련성이 많은 것을 측정한다. | 제3장 |
| 검정 | 샘플데이터로 원 데이터 전체의 특성을 검증한다. | 제4장 |
| 회귀분석 | 과거의 데이터로 데이터 간의 관계를 산출하여 장래예측 등에 이용한다. | 제5장 |
| 선형계획법 | 복잡한 제약조건 중에서 최적의 변수 값을 산출한다. | 제6장 |
| Decision Tree | 기대치라는 방식을 기반으로 복잡한 선택사항 중에서 최적의 선택사항을 선정한다. | 제7장 |
| 게임이론 | 상대의 전략을 고려하면서 자신의 전략을 결정한다. | 제8장 |

# 03
# 상관계수

EXCEL

이 장에서는 데이터 간의 관련(상관) 정도를 수치화하는 것으로 다양한 응용에 대한 것을 공부합니다. Excel의 기능을 이용하여 그 정도를 매우 간단하게 수치화하는 것이 가능합니다. 어떤 데이터 사이에서도 응용이 가능하며, 거기에는 다양한 것을 얻을 수 있습니다. 간편하게 사용할 수 있으므로 일상적으로 사용하는 툴의 하나라고 말할 수 있습니다.

# 상관계수

## 3.1 상관계수에서

상관계수라는 것은 2종류의 데이터 사이에 비례적인 관계(한쪽이 증가하면 다른 쪽도 같은 비율로 증가한다)가 어느 정도인지에 대하여 수치화하기 위한 함수입니다. 다른 말로 하면 확실히 그 이름이 의미하는 것처럼 2개의 데이터 사이의 관련성 정도를 나타내는 것이라고 말할 수 있습니다. 개념적으로도 툴로서도 매우 심플하기 때문에 필자도 실무에 자주 활용하고 있습니다. 특히 판매데이터와 같이 어느 정도 정보량을 가지고 있고, 비교하기 쉬운 데이터에 대해서는 한 번에 그 관련 정도를 수치로 나타낼 수 있기 때문에 사용성이 매우 많은 툴의 하나라고 말할 수 있습니다. 그러면 간단한 예를 사용하여 상관계수에 대하여 알아보겠습니다.

표 3.1은 매월 지출하는 판매촉진비와 그 달의 매상고에 대하여 나타낸 것입니다. 또 그림 3.1은 이 2개의 데이터를 산포도로 그린 것입니다.

표 3.1 판촉비용과 매상 데이터

| 판촉비용(천 원) | 매상(천 원) | 판촉비용(천 원) | 매상(천 원) |
|---|---|---|---|
| 523 | 1,231 | 294 | 710 |
| 429 | 1,080 | 801 | 1,980 |
| 890 | 2,043 | 662 | 1,679 |
| 160 | 506 | 455 | 1,339 |
| 654 | 890 | 680 | 1,872 |
| 793 | 1,135 | 901 | 2,450 |
| 388 | 970 | 397 | 1,222 |
| 789 | 1,840 | 412 | 1,390 |
| 430 | 1,025 | 720 | 2,000 |
| 556 | 1,540 | 630 | 997 |
| 210 | 654 | 567 | 1,563 |

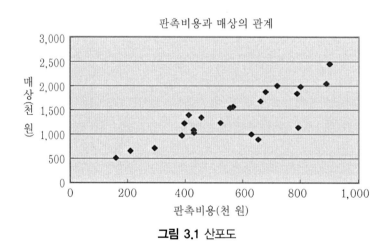

그림 3.1 산포도

그림 3.1을 보고 판촉비용과 매상에 상관계수가 있다고 말할 수 있겠습니까? 이 예에서는 비교적 쉽게 양자에 상관이 있다는 것을 알 수 있습니다. 왜냐하면 한쪽이 늘어나면(줄어들면) 다른 쪽도 그것에 따라 늘어나는(줄어드는) 관계를 나타내고 있기 때문입니다.

## 3.2 상관계수

그러면 앞에서 기술한 관련 정도를 나타내는 것이란 어떤 것일까? 이것에는 앞에서 기술한 것과 같이 상관계수라는 계수(함수)가 쓰이고 있습니다. 상관정도의 크기에 따라서 −1에서 1 사이의 어떠한 값을 취합니다. 0은 전부 관련성이 없는 경우, 1은 완전히 관련성이 있는 경우를 나타내는 한편, −1은 완전히 역(반대)의 관련성이 있는 것을 나타냅니다. 역의 관련성이라는 것은 한쪽이 늘어나면 그것에 따라 다른 쪽이 줄어드는 관계를 나타냅니다. 그림 3.2∼그림 3.4는 3개의 다른 상관계수를 나타내는 2개의 데이터 예를 그래프로 나타낸 것입니다. 이것들을 보면서 상관계수의 의미를 시각적으로 잡아 주십시오. 가로축과 세로축의 값은 의미가 없지만, 가로축의 1에서 10에 따라서 2개의 데이터(그림 중에 망이 다른 그래프)가 각각 10조씩 대응하고 있다고 생각해주십시오.

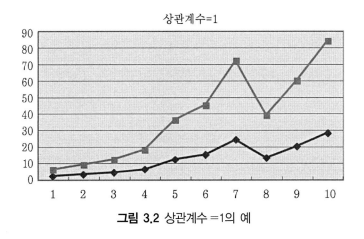

**그림 3.2** 상관계수 =1의 예

그림 3.2는 2개의 그래프(데이터)가 완전한 상관을 이루고 있는 예입니다. 즉, 한쪽이 늘어나면(줄어들면) 다른 쪽도 같은 비율로 늘어나는(줄어드는) 관계에 있습니다. 이와 같은 경우에 상관계수는 1이 됩니다.

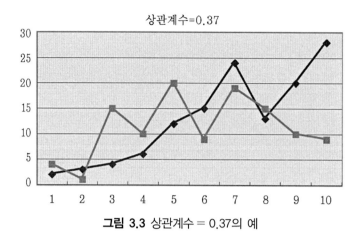

**그림 3.3** 상관계수 = 0.37의 예

그림 3.3은 언뜻 보기에도 2개의 그래프(데이터)가 서로 다른 움직임을 하고 있는 것으로
보입니다. 증감의 움직임에서도 서로 관련성을 찾아내는 것은 어렵습니다. 이와 같은 경우는
상관계수의 절대치가 낮아지게 됩니다. 이 예에서는 0.37입니다. 상관계수가 얼마 이상이면
상관이 있다고 말할 수 있는지 명확한 기준이 있는 것은 아니지만 필자의 경험에서는 상관계
수가 적어도 0.7 이상의 값을 나타내지 않는 데이터 사이에서는 상관이 있다고 말하는 것이
어렵다고 보고 있습니다.

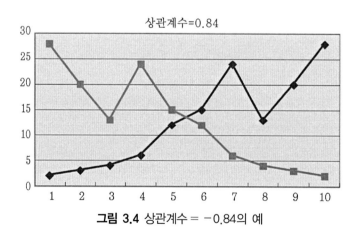

**그림 3.4** 상관계수 = −0.84의 예

그림 3.4는 2개의 그래프(데이터)가 서로 반대로 움직이고 있는 예입니다. 완전한 반대는
아니므로 상관계수가 −1이 되지는 않지만, −0.84로 거의 반대의 관계가 되어 있습니다. 이

경우, 상관계수가 없다는 것보다도 반대(한쪽이 늘어나면 다른 쪽은 그것에 따라 줄어든다)의 관계가 있다고 말합니다. 즉, 상관계수는 플러스・마이너스의 문제가 아닌 그 절대치(플러스・마이너스의 부호를 고려하지 않은 값의 크기)가 0에 가까운지 1에 가까운지를 볼 필요가 있습니다. 플러스의 값과 마이너스의 값은 2개의 그래프가 정(正)의 상관이 있는지 역의 상관이 있는지의 지표가 됩니다.

실무에서는 이 값을 함수를 사용하면 쉽게 알 수 있는데, 참고로 어떤 계산에 따른 함수인지 소개하겠습니다.

우선 $X$와 $Y$라는 2개의 데이터에 대한 상관계수의 공식은 (3-1) 식과 같습니다. 다시 말하면 분자는 $X$와 $Y$ 각각의 평균과의 차이를 곱한 것을 데이터의 수만큼 더합니다($\Sigma$ 기호는 덧셈의 의미입니다). 한편, 분모는 $X$와 $Y$ 각각의 데이터에 대하여 평균한 차이의 2승을 데이터의 수만큼 더하고, 평방근을 취해서 곱셈을 합니다.

왠지 말로 설명해서 더 어렵게 느껴질 수 있지만, 요컨대 $X$와 $Y$ 각각에 대해 평균에서 얼마나 떨어져 있느냐는 점에 착안하여, $X$도 $Y$도 같은 움직임을 보이는 경우에 높은 값이 나오도록 계산되는 것입니다.

$$r(\text{상관계수}) = \frac{Sxy}{\sqrt{Sxx} \times \sqrt{Syy}} = \frac{\sum\{(Xi - \overline{X}) \times (Yi - \overline{Y})\}}{\sqrt{\sum(Xi - \overline{X})^2} \times \sqrt{\sum(Yi - \overline{Y})^2}} \qquad (3-1)$$

여기서, $\overline{X}$, $\overline{Y}$ : 데이터 $X$, $Y$의 평균값

$Xi$, $Yi$ : 각각의 데이터

## 3.3 상관계수의 산출

실무에서는 Excel을 사용하여 어떻게 상관계수를 계산할 수 있겠습니까? 방법은 2가지가 있으며 각각에 대하여 설명합니다.

### 3.3.1 Excel 함수를 사용한다

그림 3.5와 같이 Excel의 함수인 'CORREL'(상관 : Correlation의 약어)을 이용하면 상관계수를 계산할 수 있습니다. CORREL 뒤의 콤마(,)에 2개의 데이터 범위를 구별하여 지정하면 계수의 값을 구할 수 있습니다. 상관계수의 산출결과는 0.82로 비교적 높은 값이 구해졌습니다. 우선은 판촉비용과 매상에는 상관이 있다고 할 수 있습니다. 단, 여기서 주의할 사항은 회귀분석의 장에서 설명하겠지만 상관계수가 있는 그대로 인과관계가 있다는 것은 아니라는 것입니다. 어쩌면 판촉비용과 뭔가 다른 요인의 인과관계가 있어, 그 요인과 매상이 또 모종의 관계로 맺어져 있다면 판촉비용과 매상 사이의 직접적인 요인관계가 있다고는 할 수 없기 때문입니다. 그 의미에는 상관계수의 값만으로는 그 이상의 정보를 얻을 수 없다는 사실을 확실히 인식하는 것이 중요합니다. 매우 간편하게 산출할 수 있는 정보인 대신에 그 정보량도 한정적입니다.

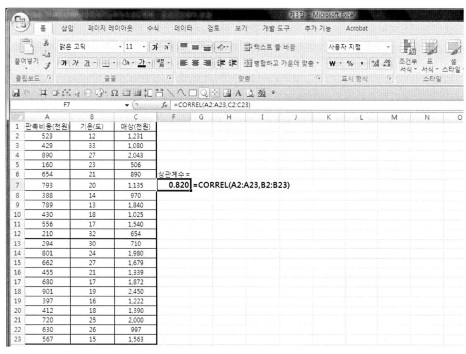

**그림 3.5** Excel 함수를 이용한 상관계수

## 3.3.2 Excel의 분석 툴을 사용

Excel의 분석 툴을 사용하여 상관계수를 산출할 수 있습니다. 앞에서 설명한 함수와의 큰 차이는 3개 이상의 변수(데이터) 사이의 상관계수를 알고 싶을 때에 모든 조합에 대하여 함수를 구할 필요가 없이 자동으로 매트릭스(대응표)를 작성해줍니다. 예를 들면 4개의 서로 다른 데이터 사이의 상관계수를 각각 구하는 것으로 하면 그 조합은 6가지가 됩니다. 이와 같은 경우에도 한 번에 산출하여 매트릭스를 작성할 수 있습니다. 그러면 실제의 예를 보겠습니다. 앞의 판촉비용과 매상의 데이터에 '기온'이라는 데이터를 추가하였습니다(표 3.2).

**표 3.2** 3종류의 데이터

| 판촉비용(천 원) | 기온(도) | 매상(천 원) |
|---|---|---|
| 523 | 12 | 1,231 |
| 429 | 33 | 1,080 |
| 890 | 27 | 2,043 |
| 160 | 23 | 506 |
| 654 | 21 | 890 |
| 793 | 20 | 1,135 |
| 388 | 14 | 970 |
| 789 | 13 | 1,840 |
| 430 | 18 | 1,025 |
| 556 | 17 | 1,540 |
| 210 | 32 | 654 |
| 294 | 30 | 710 |
| 801 | 24 | 1,980 |
| 662 | 27 | 1,679 |
| 455 | 21 | 1,339 |
| 680 | 17 | 1,872 |
| 901 | 19 | 2,450 |
| 397 | 16 | 1,222 |
| 412 | 18 | 1,390 |
| 720 | 25 | 2,000 |
| 630 | 26 | 997 |
| 567 | 15 | 1,563 |

산출하기 전에 산포도로 각각 데이터 사이의 관계를 시각적으로 보겠습니다.

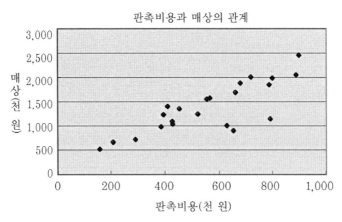

**그림 3.6** 판촉비용과 매상의 관계

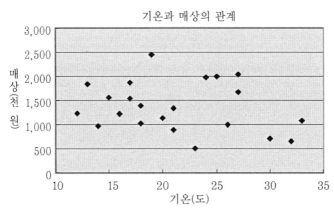

**그림 3.7** 기온과 매상의 관계

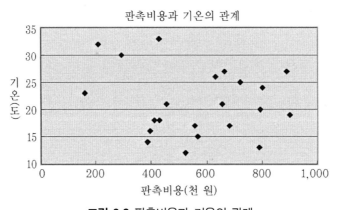

**그림 3.8** 판촉비용과 기온의 관계

어떻습니까? 그림을 보고 대체적인 상관계수의 값이 예상됩니까? 우선은 엑셀의 메뉴에서 [데이터]−[데이터 분석]을 선택합니다.

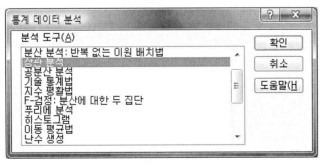

**그림 3.9** [데이터]−[데이터 분석]을 선택

다음에 통계데이터 분석 중에서 '상관 분석'을 선택하고 [확인] 버튼을 클릭합니다.

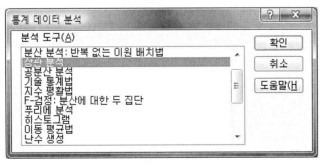

**그림 3.10** '상관 분석'을 선택

입력범위 및 출력 범위를 그림 3.11과 같이 지정합니다. 이때 입력범위는 제목을 포함하여 모든 데이터의 범위를 지정하고, '첫째 행 이름표 사용'에 체크를 하는 것을 잊지 마시기 바랍니다. 마지막으로 [확인] 버튼을 클릭합니다.

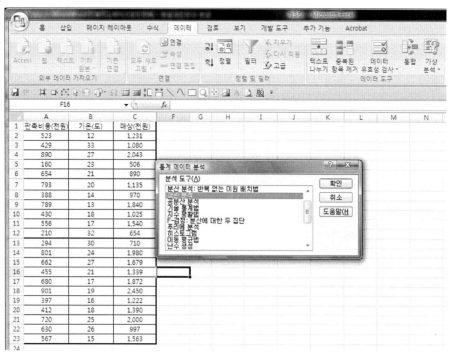

**그림 3.11** 분석 툴(상관)의 입력화면

그림 3.12는 출력결과를 나타낸 것입니다. 3개의 데이터 사이의 상관계수 값이 표시되어 있습니다. 예를 들면 판촉비용과 판촉비용의 상관계수는 각각 같은 데이터이므로 '1'이라는 값이 주어집니다. 기온과 매상에 대해서도 같습니다. 또, 판촉비용과 매상의 상관계수도 앞의 CORREL함수를 사용하여 구한 0.82와 같은 값을 나타내고 있습니다. 기온과 판촉비용은 － 0.163, 기온과 매상은 －0.219라는 각각 반대의 관계가 있는 것을 알 수 있습니다. 단, 어느 것이나 절대치는 낮기 때문에 양자에 상관이 있다고는 말할 수 없습니다. 앞의 산포도에서 본 시각적인 결과에 비하여 정량화된 결과를 어떻게 느꼈습니까?

| | 판촉비용(천원) | 기온(도) | 매상(천원) |
|---|---|---|---|
| 판촉비용(천원) | 1 | | |
| 기온(도) | -0.162554832 | 1 | |
| 매상(천원) | 0.820292995 | -0.218931434 | 1 |

**그림 3.12** 상관출력결과

# 3.4 상관계수를 이용한 응용 예

다음에 필자가 실무에 사용한 상관계수에 관한 응용 예를 몇 가지 소개합니다(데이터 내용은 정리된 것입니다).

## 3.4.1 매상의 계절요인(Seasonality) 분석

**[과제]**

어떤 나라에서 어느 제품의 판매에 대하여 과거 수년간에 걸친 판매실적이 있습니다. 제품의 매상 개수에 대하여 월별로 이력을 취하고 있으며, 그 트렌드로는 매년 같은 트렌드가 월별로 있다고 믿어 왔습니다. 또, 이 트렌드에 따라서 매년 판매계획과 예산이 책정되며, 현지의 상거래 습관을 고려하면 'Y월에는 XXXX'와 같은 트렌드가 있는 것이 당연하다고 하는 확신이 있어, 과거 수년간의 실적에서 그 '트렌드'의 신뢰성에 대하여 정량적으로 돌아보지는 않았습니다.

표 3.3에 과거 5년간의 월별 판매실적이 있습니다. 이 제품의 판매에는 여러 개의 판매채널이 있습니다. 판매채널은 개인별로 소매점에 판매하는 루트와 기업 등 대규모 고객을 대상으로 한 직판루트가 있습니다. 사내의 공통인식으로는 모든 판매채널을 묶은 합계판매가 1, 2월에는 저조하지만 9월 이후에는 판매가 늘어난다고 하는 것이었습니다. 물론 다양한 채널의 각 요소가 전체의 트렌드분석을 복잡하게 하고 있다는 사실도 있습니다. 그래서 각 판매채널의 월별실적을 알아보기로 하겠습니다.

표 3.3은 그 내용의 하나로 개인별 소매점 판매채널의 실적을 나타내고 있습니다.

**표 3.3** 월별판매실적(2000년~2004년도)

| 구분 | 4 | 5 | 6 | 7 | 8 | 9 | 10 | 11 | 12 | 1 | 2 | 3 |
|---|---|---|---|---|---|---|---|---|---|---|---|---|
| 2000년도 | 865 | 1,098 | 925 | 1,108 | 1,137 | 1,083 | 994 | 726 | 1,036 | 922 | 1,128 | 801 |
| 2001년도 | 1,121 | 1,203 | 1,251 | 1,021 | 1,394 | 1,267 | 1,127 | 596 | 909 | 1,060 | 946 | 1,167 |
| 2002년도 | 1,434 | 1,198 | 1,223 | 1,164 | 819 | 1,090 | 904 | 1,306 | 547 | 1,048 | 589 | 1,094 |
| 2003년도 | 1,067 | 930 | 958 | 931 | 706 | 926 | 894 | 856 | 862 | 724 | 557 | 1,112 |
| 2004년도 | 861 | 814 | 948 | 1,045 | 815 | 1,004 | 1,276 | 788 | 1,249 | 998 | 1,307 | 1,513 |

이 표에서 월을 가로축에, 판매개수를 세로축으로 한 그래프를 그림 3.13과 같이 연도별로 작성하였습니다. 이미 이 시점에서 시각적으로 명확한 트렌드가 존재한다고는 말하기 어려운 상황인 것을 알 수 있습니다. 단, 어느 연도와 어느 연도라고 하는 2개를 추출한 경우에는 어떤 관계를 보일 것인가?라는 검증도 하였습니다.

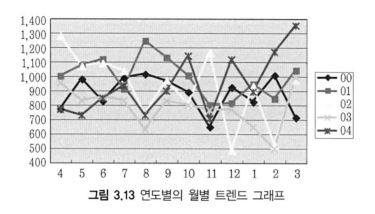

**그림 3.13** 연도별의 월별 트렌드 그래프

표 3.4는 앞에서 소개한 Excel의 분석 툴에 있는 '상관'을 이용하여 산출한 상관계수 매트릭스입니다. 이 중에서 가장 계수가 큰 것으로 2002년도와 2003년도의 상관계수인 0.65입니다. 이 결과를 가지고는 판매채널이 월별로 상관이 있다고는 말하기 어려우며, '올해도 작년과 마찬가지인 트렌드가 있을 것이다'로 결론을 짓는 것은 무리가 있다는 것이 정량적으로도 분명하였습니다. 그 밖의 판매채널에서도 전부 같은 프로세스로 분석하는 것이 가능합니다. 그 결과, 나라에 따라서는 어느 판매채널에 트렌드가 있는 것도 확실히 알았습니다.

**표 3.4** 상관매트릭스

|  | 2000 | 2001 | 2002 | 2003 | 2004 |
|---|---|---|---|---|---|
| 2000 | 1 | | | | |
| 2001 | 0.27 | 1 | | | |
| 2002 | −0.55 | 0.21 | 1 | | |
| 2003 | −0.48 | 0.21 | 0.65 | 1 | |
| 2004 | −0.01 | −0.27 | −0.53 | 0.06 | 1 |

그 밖의 응용으로서 판매와 환율, 판매와 주가, 판매와 원유가격과의 상관 등 간단하게 상관을 조사하여 그 판매경향을 예측하는 등의 역할을 하는 것도 가능합니다.

### 3.4.2 CS(Customer Satisfaction) 분석

이것도 상관계수를 이용한 응용의 하나입니다. CS 즉 고객만족을 고객에 의한 앙케트 결과로 정량적으로 분석하는 것을 목적으로 하고 있습니다. 간단한 예를 소개합니다. 어느 숙박시설의 고객만족도를 알아보기 위하여 앙케트 항목에 우선순위를 주어 어떻게 개선하면 가장 효과적일 것인지에 대하여 분석하는 케이스입니다. 표 3.5와 같이 투숙객이 체크아웃을 할 때에 앙케트를 조사하여 어느 정도 크기(개수)의 샘플을 집계합니다. 이대로는 만족, 불만족 등의 정성적인 평가 그대로이기 때문에, 예를 들면 '만족'을 5점으로 하여 4, 3, 2, 1점으로 점수로 치환합니다(반드시 5, 4, 3, 2, 1과 같은 정수로 같은 간격으로 할 필요는 없고, 필요에 따라 이것과는 다른 척도를 이용하여도 상관이 없습니다).

**표 3.5** 고객앙케트의 예

| 항목 | 만족 | 조금 만족 | 보통 | 조금 불만 | 불만 |
|---|---|---|---|---|---|
| 노천온천이 있다 | ○ | | | | |
| 전망대가 있다 | | | ○ | | |
| 주변 환경이 좋다 | | ○ | | | |
| 방이 넓다 | | | | ○ | |
| 시설이 좋다 | | | ○ | | |
| 식사가 양호하다 | | | ○ | | |
| 값이 싸다 | ○ | | | | |
| 방이 깨끗하다 | | | | ○ | |
| 대응이 빠르다 | | ○ | | | |
| 종합적인 만족 | | ○ | | | |

그림 3.14와 같이 세로축을 '만족도'로 정의하고 이것을 'Top-Box 비율'로 나타냅니다. Top-Box 비율이란, Top-Box 즉 표 3.5에서 '만족'에 체크한 사람 수가 전체에서 차지하는 비율입니다. 예를 들면 '노천온천이 있다'의 항목에 대하여 '만족'에 ○을 한 사람이 100명 중

에 10명이라고 하면 이 항목의 Top-Box 비율은 10%가 됩니다.

앙케트의 내용에 따라서는 '만족'과 '조금 만족'을 합한 비율을 사용하는 것도 가능합니다. 요컨대 그 항목에 대하여 높은 평가를 한 사람이 어느 정도의 비율인가를 나타내면 됩니다.

가로축에 대해서는 '종합적인 만족'과 각 항목과의 상관계수를 사용하여, 이것을 '중요도'로 정의합니다. 먼저 평가를 수치로 환산한 이유는 여기서 상관계수를 산출하기 때문입니다. 이 것에 의하여 어느 항목이 종합만족과 연결되어 있는(상관이 있는)지를 알 수 있습니다. 그러 나 이것만으로는 상관의 정도만 알 수 있을 뿐이며, 가령 상관이 높다는 이유만으로 항목의 향상에 경영자원을 사용한다 해도 반드시 효율적인 자원의 사용법이 아닙니다. 즉, 이제 그 항목은 이미 대부분의 고객이 만족하고 있어 그리 개선의 여지가 남아 있지 않을지도 모릅니 다. 이 때문에 먼저 만족도와 중요도를 각각 세로축과 가로축에 표현하여 종합적으로 분석해 본 것입니다(그림 3.14 참조).

그림 3.14에는 어느 정도 개수의 샘플이 수집되어 있다고 가정하여 작성한 고객만족도 분 석차트입니다. 차트에는 만족도, 중요도 각각의 평균치에 대하여 한가운데에 십자선이 그려 져 있습니다. 또, 각각의 항목을 그려, 'Area B'(차트를 4등분한 우측 아래)에는 점선의 대각 선이 그어져 있습니다. 실제로는 'Area B'가 개선을 위해서 가장 주목해야 할 곳이 됩니다. 즉, 종합평가와의 연결이 크면서도 관련이 없고(가로축이 높다), 고객의 만족도가 낮은(세로 축의 값이 낮다 = 개선의 여지가 있음) Area이기 때문입니다. 그러면 'Area B' 내의 어느 항목 에 손을 댈 것인가에 대해서는 다음 2개의 요소로 생각할 수 있습니다[(a), (b) 부분은 그림에 표시하고 있습니다].

(a) 원점(세로축·가로축의 평균 교점)에서의 거리

거리가 길면 긴만큼 평균치에 괴리가 있어 개선에 의한 효과가 큰 것을 나타냅니다.

(b) 'Area B'의 대각선과 '원점과 대상항목을 연결한 선'과의 각도

Area B의 대각선(점선)이 무엇보다도 개선의 여지가 있어 개선효율도 좋다는 생각에서 이 것과의 각도가 적으면 개선효과가 높은 것을 나타냅니다.

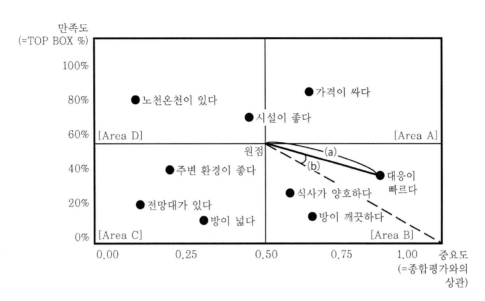

**그림 3.14** 고객만족도 분석차트

상기의 CS 분석은 그림 3.14의 차트작성을 포함하여 각 항목의 개선도 수를 (a), (b) 2개의 요소로(정밀하게는 계수에 의한 많고 적음의 정리를 추가하여) 정량적으로 산출해주는 소프트웨어로 할 수 있습니다. 그러나 소프트웨어를 사용하여 정밀하게 산출할 필요 없이 그림 3.14를 보면 아래의 것을 알 수 있습니다. 실무에서의 분석은 이것으로도 충분하지 않을까 생각합니다.

(1) 'Area B' 내의 항목을 개선대상으로 주목한다.
(2) 그 중에서 원점에서 멀고 대각선에 가까운 항목부터 개선의 우선도를 갖는다.

위의 예에서는 '대응이 빠르다' → '식사가 양호하다'의 순서로 개선하는 것이 가장 효과적이라고 결론을 내릴 수 있습니다. 실제로 이 CS 분석을 활용하여 숙박시설의 개선활동을 하고 있는 여행회사도 있습니다.

# 04
# 검정(차이를 증명한다)

**EXCEL**

이 장에서는 검정이라는 통계방법을 이용하여 데이터의 특성에 대하여 정량적으로 검증하는 방법을 알아보겠습니다. 샘플데이터로 그 뒤에 있는 모든 데이터의 특성을 정량적으로 검증하여 객관적인 결론을 얻는 것이 가능합니다. 이것에 의하여 데이터를 주관적으로 보는 것에 따른 의견의 차이도 해결할 수 있습니다. Excel의 기능을 이용하여 간단하게 결론을 얻을 수 있지만, 그 기초가 되는 방법에 대하여 이해함으로써 응용하는 것이 중요합니다.

# 검정(차이를 증명한다)

## 4.1 모집단과 표본(샘플)

비즈니스에서 실무경험을 어느 정도 가지고 있으면 그동안 몇 개의 데이터(예를 들면 A사와 B사 제품의 판매실적 데이터나, 올해의 판매와 작년의 판매데이터 등)를 비교하여 이들 사이에 의미 있는 차이를 볼 수 있다! 볼 수 없다!와 같은 논쟁이 오가는 장면을 떠올릴 수 있지 않을까요? 그러나 때때로 이런 상황에서는 이 책의 서두에서 설명한 것과 같이 단순하게 평균치를 비교하거나, 그래프를 비교해보면서 주관적으로 차이가 있다/없다와 같은 논쟁이 많이 일어나고 있는 것은 아닐까요? 분명히 누가 봐도 차이가 존재하는 경우와 보는 쪽에 따라서는 사람에 따라 결론이 다른 장면도 많이 있지 않겠습니까? 또, 많은 경우에 필요한 실적데이터 '전부'를 입수하는 것은 물리적, 기술적으로 어려울 뿐만 아니라 혹시 가능하다고 해도 시간이나 노력과 같은 비용이 상당히 많이 들어가는 것이 예상됩니다. 이와 같은 경우, 데이터의 샘플을 이용하여 논의하는데 아무래도 샘플이 데이터 전체를 나타내는 것처럼 논의되는 장면도 많이 보게 됩니다.

통계학의 기본적인 고려방식에 검정이라는 것이 있습니다. 검정에서는 샘플데이터를 이용하여 전체 데이터(모집단이라 합니다)의 특성에 대하여 '통계적으로 유의한 특성이 있다/없다'라는 것을 찾습니다. '통계적인 유의(有意)'라는 것은 샘플데이터로 모집단의 특성을 추정하여, (예를 들면) 모집단의 평균치가 어느 값 이상이라고 말할 수 있거나, 다른 모집단의 특성과 차이가 있다고 말하는 것과 같은 모집단의 특성에 관한 결론을 말합니다.

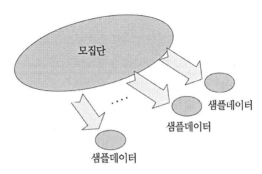

**그림 4.1** 모집단과 샘플의 이미지

## 4.2 검정이란

지금부터 소개하는 몇 가지 검정에 관하여 그 개념을 먼저 설명합니다. 우선은 다음의 간단한 예를 보겠습니다.

---

공장에서 사용하는 못의 길이에 관한 샘플데이터를 모았습니다. 이것을 통계 처리한 결과(그 방법은 뒤에서 설명합니다), 그 모집단(즉, 공장 내의 모든 못)의 평균은 어느 크기의 확률에서 100~110의 사이로 나타났다고 합니다. 이 경우에 (예를 들면 사전에 예상한) 다음과 같은 가설에 대하여 통계적으로 이것을 기각할 수 있습니다(검정에서 가설을 '부정'하는 것을 '기각'으로 표현하며 이후에도 이것에 따릅니다).

**가설 : 이 데이터의 모집단 평균은 (예를 들면) 98 이하이다.**

---

이 결과에 의해 공장 내의 모든 못을 모아 측정하여 평균을 내는 것이 아니고, 통계적으로 모집단의 특성에 대하여 결론을 낼 수 있습니다. 이 경우, 결론이 되는 특성이라는 것은 '모집단의 평균은 98 이하라고는 할 수 없다'라는 것이 됩니다.

그러면 어떻게 이 결론을 유도하는 것일까? 구체적으로 설명하기 전에 감각적인 설명을 합니다. 같은 모집단에서 복수의 샘플데이터를 모았다고 합니다. 이들 개개의 샘플데이터 각각의 평균치를 계산하면, 샘플에 따라서 그 평균치에 다소 차이가 있는 것은 쉽게 추측할 수 있습니다. 그러나 이러한 것의 대부분은 어느 일정한 범위에 들어가는 것을 통계적으로 계산할 수 있습니다. 여기에서 모집단의 평균치도 어느 일정한 확률로 이 범위에 들어가 있다고 하는 결론을 유도하는 것이 됩니다. 물론 앞의 예와 같이 가정한 값이 그 범위 외에 있으면 그것은 거의 일어나지 않는 값으로 판단하는 것입니다. 즉, 그 가설은 이상하다고 결론이 지어지는 것입니다.

검정이라고 말하면 그 단어부터 무언가 어려울 것 같은 이미지를 가지고 있지만, 기본적으로는 모집단의 데이터 전부를 조사하는 것이 아닌, 샘플데이터로 모집단의 특성에 대하여 통계적인 결론을 유도하는 것으로 이해하면 알기 쉬울 것입니다. 그러면 다시 한 번 검정에 관한 개념을 다른 예로 소개하겠습니다.

---

동전이 하나 있습니다. 이것을 10번 던져 앞면이 8번 나왔습니다. 이것이 우연히 일어난 현상이라고 설명할 수 있을까요? 그렇지 않으면 이 동전은 앞면이 나오기 쉽다 즉, 앞면·뒷면이 나올 확률이 각각 50%라는 전제가 성립되어 있지 않다고 말할 수 있는 것일까요?

---

이 예에서는 '동전의 앞면이 나올 확률은 50%이다'라는 것을 가설로 하고 있습니다. 즉, 이 가설이 기각되면 이 동전은 앞면이 나오기 쉽도록 만들어졌다!라는 결론이 됩니다. 표 4.1은 이항분포라는 확률방법을 사용하여 산출한 동전을 10번 던진 경우의 앞면(또는 뒷면)이 나올 확률을 나타내고 있습니다. 물론 앞면과 뒷면은 각각 50%의 확률로 나오는 것을 전제로 둡니다. 그림 4.2는 이것을 그래프로 나타낸 것입니다. 이것은 확률분포도라 부르며, 모든 확률을 더하면 100%가 됩니다. 또, 10번 중에 앞면이 5번 나올 확률이 가장 높은 24.6%가 되고 있는 것도 감각적으로 이해할 수 있습니다. 즉, 2번에 1번(50%)으로 앞면과 뒷면이 나오는 케이스입니다.

**표 4.1 앞면이 나올 확률**

| 앞면이 나올 횟수 | 0 | 1 | 2 | 3 | 4 | 5 | 6 | 7 | 8 | 9 | 10 |
|---|---|---|---|---|---|---|---|---|---|---|---|
| 확률 | 0.001% | 1.0% | 4.4% | 11.7% | 20.5% | 24.6% | 20.5% | 11.7% | 4.4% | 1.0% | 0.001% |

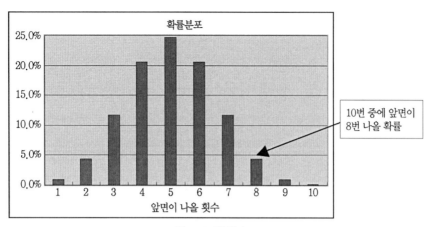

**그림 4.2** 확률분포도

그림 4.2 또는 표 4.1에서 10번 중에 앞면이 8번 나올 확률은 4.4%가 되는 것을 알 수 있습니다. 이것은 그 나름대로 일어나기 어렵다고 하는 확률이 아닐까요? 즉, 이렇게 많이 앞면이 나와 버리는 것은 일반적으로 일어나기 어려운 사건으로서 앞의 가설(앞면이 나올 확률을 50%로 한)을 기각하고, 이 동전은 앞면과 뒷면이 50%의 확률로 나오도록 되어 있다고는 할 수 없다는 결론이 되는 것입니다. 이 예와 같이 어느 가설 아래에서 그 사건에 대한 확률분포를 규정하고, 어느 특정 현상이 일어나는 확률이 그 확률분포에 의하여 낮게(일반적으로 5%나 10%를 사용하지만, 필자는 항상 5%를 기준으로 하고 있습니다)되는 경우에는 그 가설을 기각하는 것으로 합니다. 이것이 검정의 고려방식입니다.

일반적인 검정의 순서는 다음과 같이 정리해볼 수 있습니다. 개념적인 설명이기 때문에 이것만으로는 이해가 안 되는 부분이 많을 것이라고 생각되지만, 뒤에서 소개하는 예를 참고로 하면 여기서 기술되고 있는 것을 보다 이해하기 쉬울 것이라고 생각됩니다.

**[일반적인 검정의 순서]** (그림 4.3 참조)

**순서 1**　모집단의 특성을 고려하면서 그 가설을 규정한다.

　　　　(일반적으로 기각되면 예상되는 가설을 이용한다)

**순서 2**　확률분포도를 만들기 위한 값(이것을 '통계량' 또는 '검정통계량'이라 부른다)을 계산한다.

　　　　뒤의 예에서 소개하겠지만 어떤 검정을 할 것인지에 따라 통계량의 계산식이 다릅니다. Excel을 이용하면 간단하게 계산할 수 있습니다.

**순서 3**      5%나 10%라는 가설을 기각하는 기준(이것을 기각역이라 부른다)을 설정하고, 샘플로 구한 통계량이 그 기각역에 들어가는지 아닌지를 확인한다. 들어가면 가설을 기각하고, 들어가지 않으면 가설은 기각할 수 없습니다.

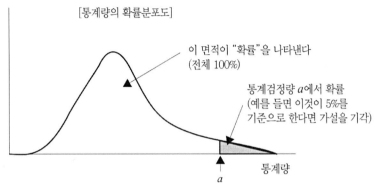

**그림 4.3** 확률분포도와 통계량

개념적인 설명에서는 좀처럼 이해하기 어려운 점도 있으므로 실 예를 보겠습니다.


## 4.3 독립성의 검정

독립성의 검정에 대해서는 구체적인 예를 들어 설명하겠습니다.

표 4.2는 A나라에서 E나라까지의 A제품과 B제품의 매상실적을 어느 일정 기간에 대하여 수집한 것을 표로 정리한 것입니다. 여러분은 이 표를 보면서 어떤 느낌을 가졌습니까? 나라에 따라 A제품과 B제품의 판매에 큰 차이가 있다고 말하겠습니까? 또, 이 데이터는 어느 일정한 기간 동안 수집한 것으로(즉, 샘플데이터이다) 전체 기간(이것을 모집단으로 가정한다)에 대해서는 어떤 결론을 도출할 수 있겠습니까?

만약에 이 결과에 따라 어느 나라에서는 A제품이 다른 나라보다 더 판매되고 있으므로 그 나라에서는 A제품의 프로모션에 비용을 보다 더 쏟아 넣으려는 의사결정을 할 필요가 있다고 합니다. 이 경우, 객관적인 분석 없이는 사람에 따라 판단이 다른 것을 예상할 수 있습니다. 표 4.2를 보면 사람에 따라 그 주관적인 결론은 다양할 것으로 생각하고 있습니다.

**표 4.2** 나라별 제품매상 데이터(샘플데이터)

|        | A나라  | B나라  | C나라 | D나라 | E나라 | 합계   |
|--------|-------|-------|------|------|------|-------|
| A제품   | 1,636 | 1,886 | 465  | 475  | 270  | 4,732 |
| B제품   | 503   | 374   | 94   | 50   | 54   | 1,075 |
| 합계    | 2,139 | 2,260 | 559  | 525  | 324  | 5,807 |

그래서 이 샘플데이터로 통계론을 이용하여 XX 나라는 X 제품이 '우연이라고 설명할 수 없는' 판매경향을 가지고 있다/가지고 있지 않다고 하는 결론을 유도해보십시오.

이를 위해서는 독립성의 검정이라는 검정방법을 사용합니다. 이것은 '나라에 따라서 제품의 판매에는 차이가 없다'고 하는 가설을 세워, 이것이 올바른지 아닌지를 검정하고, 만약에 통계적으로 이 가설이 기각되면 '나라에 따른 판매에 차이가 있다'고 하는 결론에 이르게 되는 것입니다. 그러면 앞에서 소개한 검정순서에 따라서 생각해보도록 하겠습니다.

**순서 1**   모집단의 특성을 고려하면서 그 가설을 규정한다.

이 예의 가설은 '나라별로 A제품과 B제품의 판매에 차이가 없다'가 됩니다. 차이가 있는 것은 아닐까라는 예상 아래 반대 의미의 가설을 부정하는 것으로 검정하는 프로세스를 취하는 것이 검정의 방식이었습니다.

**순서 2**   확률분포도를 만들기 위한 값(이것을 '통계량'이라 부른다)을 계산한다.

'판매에 차이가 없다 = 모든 값은 기대치에 따른다'고 하는 가설 아래, 독립성의 검정에서는 다음 식으로 나타내는 '검정통계량'을 사용합니다. 또, 이 검정량은 $\chi^2$(카이 2승으로 읽는다) 분포라는 확률분포에 따른 다는 것을 알고 있습니다.

---

독립성 검정의 검정통계량 $\chi^2$

$\dfrac{(원데이터 - 기대치)^2}{기대치}$ 을 각 셀마다 계산하여 그것의 합계를 통계량으로 한다.

---

그런데 여기서 기대치라는 단어가 등장합니다. 상세한 것은 제7장에서 설명하겠지만, 여기서는 이론치로 바꿔 읽는 것이 이해하기 쉬울지도 모릅니다. 즉, 만약에 나라별로 제품의 판

매에 차이가 없으면 제품마다 같은 비율로 어느 나라에서도 판매할 수 있으므로 이것이 이론치가 됩니다. 구체적으로는 다음과 같습니다.

**표 4.3 원 데이터와 기대치(이론치)**

원 데이터

|  | A나라 | B나라 | C나라 | D나라 | E나라 | 합계 |
|---|---|---|---|---|---|---|
| A제품 | 1,636 | 1,886 | 465 | 475 | 270 | 4,732 |
| B제품 | 503 | 374 | 94 | 50 | 54 | 1,075 |
| 합계 | 2,139 | 2,260 | 559 | 525 | 324 | 5,807 |

기대치(이론치)

|  | A나라 | B나라 | C나라 | D나라 | E나라 |
|---|---|---|---|---|---|
| A제품 | 1,743 | 1,842 | 456 | 428 | 264 |
| B제품 | 396 | 418 | 103 | 94 | 60 |

예를 들면 A나라의 A제품에 대한 기대치는 다음과 같이 구할 수 있습니다(위의 표에서 색칠한 부분의 값을 사용합니다).

$$A나라 \ A제품의 \ 기대치 = A나라의합계 \times 전체에서 \ A제품의 \ 비율$$

$$\left( = \frac{A제품 \ 합계}{총합계} \right)$$

$$= 2,139 \qquad \times \frac{4,732}{5,807}$$

$$= 1,743$$

마찬가지로 다른 나라, 다른 제품에 대해서도 같은 방법으로 기대치를 계산할 수 있습니다. 마지막으로 각 나라, 각 제품마다 앞에서 소개한 검정량의 공식을 이용하여 계산한 값을 전부 합계하면 독립성 검정의 검정량 $\chi^2$가 구해집니다.

**순서 3**   5%나 10%라는 가설을 기각하는 기준(이것을 기각역이라 부른다)을 설정하고, 샘플로 구한 통계량이 그 기각역에 들어가는지 아닌지를 확인한다.

여기서는 5%를 기각역으로 설정합니다. 실제로 Excel의 함수에서 이미 5% 기각역일 때의 검정량 $\chi^2$가 몇 개라는 것을 구할 수 있습니다. 즉, 이 값과 순서 2에서 구한 검정량을 비교, 계산한 검정량이 5% 기각역의 값을 넘으면(이것은 5%를 넘지 않을 가능성이 있으므로) 가설을 기각한다고 하는 결론에 이르게 됩니다.

이 함수는 =CHINV(0.05, 자유도)로 나타냅니다. 0.05는 기각역의 5%를 나타내고, 자유도에는 과제마다 정해진 자유도라는 값을 입력합니다. 이 함수를 직접 입력하거나 다음과 같이 [수식]－[함수 삽입]을 클릭한 후에 표시되는 '함수 마법사' Dialog에서 범주 선택을 [통계]로 한 후에 리스트에서 CHINV를 선택하면 계산결과를 얻을 수 있습니다.

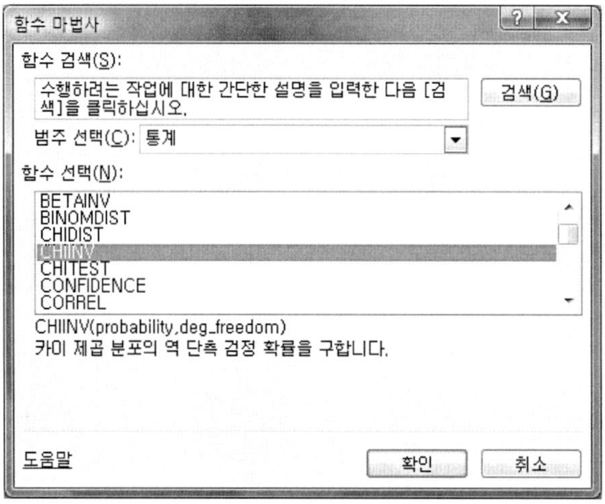

**그림 4.4** $\chi^2$ 기각역의 검정량을 구하는 함수

여기서 CHINV함수에서 사용되는 '자유도'에 대하여 간단하게 기술합니다. 상세한 설명은 통계 관련의 서적을 참고하기 바라며, 이와 같은 자유도의 정보가 왜 필요한지를 말하면 $\chi^2$ 확률분포의 모양(形)이 그 자유도에 따라서 결정되기 때문입니다. 자유도의 산출에 대하여 다른 말로 하면, 사용하고 있는 변수의 개수에서 1을 뺀 것이(그 변수의 합계나 평균에서의 속박이 없는 자유라는 의미에서) 자유도가 됩니다. 자유도에 대해서는 이 장의 분산 분석에서 다

시 한 번 설명합니다.

실무상 자유도에 관한 상세한 이해는 반드시 필요하지는 않으며, 독립성의 검정에서는 다음의 점을 기억해두면 됩니다.

$$자유도 = (m-1) \times (n-1)$$

여기서, $m$ : (독립성의 검정데이터 표의) 세로축 변수의 개수
$\qquad$ $n$ : 가로축 변수의 개수

이 예에서 자유도는 $m$은 A제품과 B제품의 2변수이므로 2, $n$은 5개국이므로 5가 되어, $(2-1) \times (5-1) = 4$가 됩니다.

이제 '나라별로 매상의 차이가 없다'고 하는 가설을 기각할지의 여부에 대한 마지막 판단에 들어갑니다. 이것은 원 데이터와 기대치로 공식에 따라 산출한 $\chi^2$와 5% 기각역의 경우 $\chi^2$의 값을 CHINV함수로 구한 것을 비교함으로서 완료됩니다. 그림 4.5에 Excel을 사용하여 구한 결과를 소개합니다.

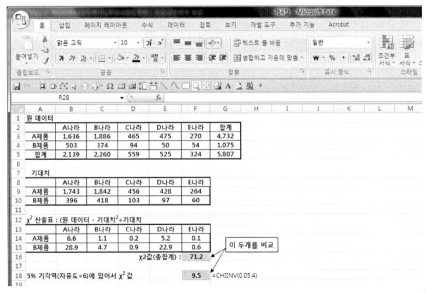

**그림 4.5** Excel에서 독립성의 검정을 한 예

그림 4.5의 결과에 따르면 계산에 의해 구한 $\chi^2$의 값이 71.2인 것에 대하여 5% 기각역에서의 $\chi^2$의 값은 9.5로 되어 있는데, '나라별로 A제품과 B제품의 판매에 차이가 없다'고 하는 가설을 기각하는 결과가 산출되었습니다. 이것을 보다 일반적으로 바꿔 말하면 '원 데이터와 기대치에 대한 괴리의 크기는 우연이라고 설명할 수 있는 범위를 초과한 것이며, 나라별로 A제품과 B제품의 판매에는 통계적으로 유의한 차이가 인정된다'고 하는 것이 됩니다.

이와 같은 결과를 받아들여 실무에서는 A나라에 대해서는 A제품보다도 B제품의 프로모션에 힘을 쏟고… 등의 판단에 활용할 수 있게 됩니다.

그러면 앞의 예(표 4.2)와 유사한 다음 데이터를 보시기 바랍니다.

**표 4.4** 나라별 제품매상 데이터 2(원 데이터 2로 부르는 것으로 합니다)

|  | A나라 | B나라 | C나라 | D나라 | E나라 | 합계 |
|---|---|---|---|---|---|---|
| A제품 | 1,696 | 1,865 | 444 | 469 | 258 | 4,732 |
| B제품 | 413 | 423 | 102 | 82 | 61 | 1,081 |
| 합계 | 2,139 | 2,260 | 559 | 525 | 324 | 5,807 |

이 예를 보면 표 4.2와 다른 결론이 나올지 알 수 있겠습니까? 만약에 독립성 검정방법을 모르고 표만 보고 판단한 경우, 표 4.2와 표 4.4의 결론의 차이를 발견할 수 있는(또는 그 차이를 객관적으로 설명할 수 있는) 것은 어렵지 않을까요? 보는 차이가 거의 없으니까요.

그러면 앞과 마찬가지의 방법으로 검정을 해보시기바랍니다. 그 결과를 표로 나타낸 것이 그림 4.6과 같습니다.

이 결과를 보면, 원 데이터 2에서 산출된 $\chi^2$의 값은 약 9.2가 되며, 기각역인 5%를 나타내는 $\chi^2$의 값 9.5를 못 미치고 있습니다. 이 상태로는 '나라별로 A제품과 B제품의 판매는 차이가 없다'고 하는 가설을 기각할 수 없다는 결론이 됩니다. 앞의 예와는 반대의 결과가 되었습니다. 이와 같이 주관적인 판단만이 아닌 실제로 통계방법에 따라서 정량적으로 검증해보는 것의 중요성을 잘 알 수 있습니다.

지금까지 2개(결론이 다른)의 데이터를 사용하여 독립성 검정의 예를 소개하였는데, 이들의 결론을 그림 4.7에, 독립성 검정의 통계량인 $\chi^2$의 확률분포도로 다시 한 번 확인해보겠습니다. 또한 분포도의 모양은 반드시 정확하게 자유도 4를 반영할 수는 없습니다. 여기서는 통계량의 결과를 통계량의 관점에서 어떻게 받아들이면 좋을지를 파악하는 것을 목적으로 하고 있습니다.

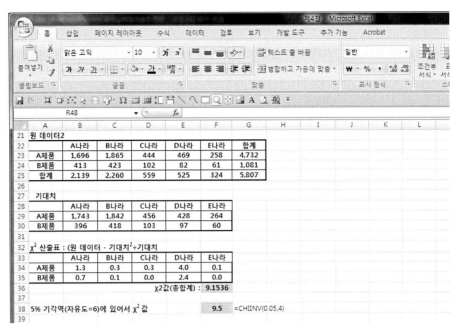

**그림 4.6** 원 데이터 2에 대한 독립성 검정의 결과(5% 기각역)

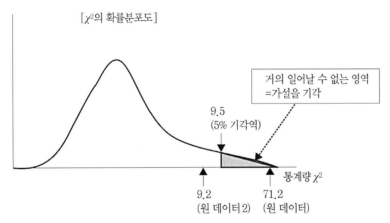

**그림 4.7** 통계량 $\chi^2$의 확률분포도에 의한 2개의 결과비교

그런데 그림 4.5와 그림 4.6에서 소개한 것과 같이 여기까지는 당연한 순서에 따라 독립성의 검정을 진행해왔습니다. 그러나 Excel에는 이들조차도 한 번에 결론을 낼 수 있는 함수가 내장되어 있습니다. CHIINV함수를 써서 지금까지 소개해온 목적은 검정의 올바른 순서와 방법을(Excel의 함수를 써서 일부 간략화하면서도) 제대로 소개하는 것에 있었습니다. 물론 실

무에서도 지금까지 소개한 순서로 진행해도 문제는 없지만, 한 번에 결론으로 점프하고 싶은 경우에는 CHITEST라는 함수를 사용하면 됩니다.

다른 Excel 함수와 마찬가지로 [수식]−[함수 삽입]을 클릭하면 표시되는 '함수 마법사' Dialog에서 '통계' 카테고리 중에 CHITEST함수를 선택합니다. 그러면 그림 4.8과 같은 화면이 표시됩니다.

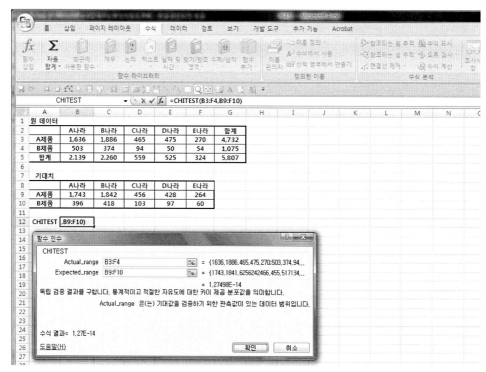

**그림 4.8** CHITEST함수 입력 화면

여기서는 '실측치 범위(Actual range)'에 원 데이터(합계 칸은 제외)의 범위를 지정하고, '기대치 범위(Expected range)'에 기대치의 범위를 지정합니다. 그리고 [확인] 버튼을 클릭하면 결과가 그림 4.9와 같이 됩니다.

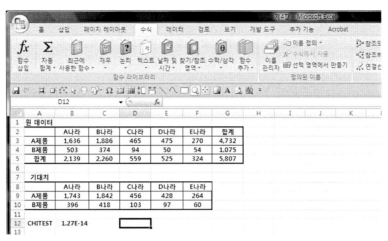

**그림 4.9** CHITEST함수 결과 화면

그림 4.9에 따르면 CHITEST함수를 사용한 결과가 1.27E−14(1.27×10⁻¹⁴)인 것으로 표시되어 있습니다. 'E−14'라는 것은 10의 −14승(또는 $10^{14}$분의 1)이라는 것을 의미하며, 이 1.27배라는 수치는 거의 0에 가까운 값이 됩니다. 이 값이 나타내는 것은 통계량의 확률분포도에서 얼마의 확률이 되는가를 나타내고 있습니다. 그림 4.7을 다시 참조해주세요. 원 데이터를 사용한 검정량은 분포도의 5% 기각역의 훨씬 우측 즉, 확률이 거의 0의 점에 와 있습니다. 이것이 '확률 1.27E−14'와 같은 것을 말하고 있는 것입니다.

지금까지를 정리하면 CHITEST함수를 사용하여 구한 확률이 5%보다 낮으면(일어날 사건이 거의 없다) 가설을 기각하고, 높으면 가각할 수 없다는 매우 간단한 결론을 얻을 수 있게 됩니다.

---

**독립성의 검정 : Excel 작업의 포인트**

Excel 분석 도구의 **CHITEST**함수를 사용하면, 그 함수의 결과를 보는 것만으로 결론을 얻을 수 있습니다. 이것이 5%보다 낮으면 가설을 기각, 5%보다 높으면 가설을 기각할 수 없다는 결론에 이를 수 있습니다. 이것으로 결론을 얻기 위해 필요한 프로세스는 전부입니다.

---

이렇게 간단한 방법이 있으면서 처음부터 소개하였으면 좋을 것을 독자 입장에서는 원망스럽겠지만, 필자의 생각은 우선 '독립성의 검정이란 무엇인가'라는 것을 제대로 이해한 상태에서 CHITEST함수를 사용한 결론으로 점프해야 한다고 생각합니다. 왜 그렇게 되는지를 모르

고 답만 만들어 상대에게 제시하면 별로 설득력이 없고 무책임한 것이 아닌가 생각합니다.

그러면 여러분도 원 데이터 2를 사용하여 CHITEST함수로 그 확률을 계산해보십시오. 앞의 결론에서는 가설을 기각할 수 없었기 때문에, 그 결과는 5%보다 큰 확률이 될 것인지를 확인해보십시오.

일반검정에서 할 수 있는 주의할 점 하나를 말해둡니다. '차이가 없다'라는 가설을 기각할 수 없었던 것만으로는 '차이가 없다'라는 가설을 완전히 긍정하는 것과 같은 결론으로는 되지 않습니다. '차이가 없다'는 것을 부정하지 못한 것뿐이므로 정확하게는 '차이가 있다고는 단언할 수 없다'라고 표현할 수 있습니다. 실무에서 검정을 사용하는 데 이런 귀찮은 생각을 할 필요가 없다고 하는 생각도 한편에는 있지만, 그 정확성이 있는 것을 기억해두는 것은(올바른 결론을 얻는다는 의미에서) 중요하다고 생각합니다.

다음에 간단한 예를 사용하여 독립성의 검정을 다른 단면에서 활용해봅시다. 독립성 검정에서 독립성이란, 데이터를 늘어놓은 표(매트릭스, 크로스 집계표라고도 말합니다)의 세로축과 가로축이 서로 영향이 주는지 주지 않는지(독립)를 가리킵니다. 여기서는 전단지를 넣는 것과 그 전단지에 기재된 광고품의 판매와의 인과관계를 검증해보는 것으로 하겠습니다. 그림 4.10은 전단지를 넣은 경우와 넣지 않은 경우의 광고품 구입자수를 샘플링에 의해 입수한 결과입니다. 이것만으로는 '역시 전단을 넣어서, 광고품의 구매자가 증가한 것이 아닌가?'라고 하는 사람이 있는 반면 '정말 전단을 넣은 효과가 광고품의 판매로 이어지고 있을까?'의 의문을 가진 사람도 나올 가능성이 있는 것 아닐까요?

앞의 예와 마찬가지로 기대치를 산출하고 나서 CHITEST함수를 사용하여 검정한 결과, 0.11(11%)의 확률이 표시되었습니다. 즉, 5%의 기각기준을 초과하여 '전단지와 광고품 판매는 독립이다 = 전단지와 광고품 판매에는 관계가 없다'라는 가설을 기각할 수 없다고 하는 결과가 얻어졌습니다. 좀 더 일반적인 말로 바꾸면 '전단지를 넣어도 광고품의 판매가 늘어난다고는 말할 수 없다'라는 결론입니다.

어떻습니까? 상관계수와는 다른 2개의 변수에 대한 관련성에 대하여 분석하는 방법입니다. 필자는 사내 강의에서 '여성 – 남성', '달콤한 것이 좋다 – 좋아하지 않는다'라는 2개의 축으로 이들의 관련성에 대한 독립성을 검정하여 일반적인 통념인 '여성은 달콤한 것을 좋아한다!'라는 생각을 부정하려고 시도했습니다만 실패로 끝났습니다. 그 장소에는(우연히?) 달콤한 것을 좋아하지 않는 사람이 남녀 공히 거의 없었습니다. 여러분도 인간을 대상으로 한 신변에 대하여 다양한 독립성의 검정을 시험해보시기 바랍니다.

|  | A | B | C | D |
|---|---|---|---|---|
| 1 | 원 데이터 | | | |
| 2 | | 전단 있음 | 전단 없음 | |
| 3 | 판매효과 있음 | 52 | 44 | |
| 4 | 판매효과 없음 | 36 | 49 | |
| 5 | | | | |
| 6 | 기대치 | | | |
| 7 | | 전단 있음 | 전단 없음 | |
| 8 | 판매효과 있음 | 47 | 49 | |
| 9 | 판매효과 없음 | 41 | 44 | |
| 10 | | | | |
| 11 | 0.11 | =CHITEST(B3:C4,B9:C10) | | |
| 12 | | | | |

**그림 4.10** CHITEST함수를 사용한 독립성 검정의 예

여기서 독립성의 검정 자체에 대한 설명은 마치지만, 다음에 독립성 검정의 응용에 대하여 간단하게 소개합니다. 독립성 검정에서는 '차이가 있다고 할 수 있는지 여부'라는 것만을 검정하였습니다. 만약 그 결과, 어느 데이터 사이에 차이가 있다는 것을 알고 있다고 해도 어느 요소에 어느 정도의 차이가 있어서, 그것이 플러스의 차이인지 마이너스의 차이인지라는 것까지는 나타낼 수 없습니다. 그러나 실제로 그 결과를 실무에 사용한다고 하면 여기까지 반영할 필요가 있는 경우가 많이 있습니다.

그래서 사용하는 것이 '조정화 잔차'라고 부르는 것이 있습니다. 이 책에서는 그 이론의 상세는 다루지 않지만, 산출을 위한 순서는 다음과 같습니다.

- **차이의 특징 파악(조정화 잔차)**

아래의 계산을 원 데이터의 각 셀마다 실시하여 특징이 있는 셀(수치)을 부각시킬 수 있습니다.

(STEP 1) 표준화잔차 $e = \dfrac{\text{원데이터} - \text{기대치}}{\sqrt{\text{기대치}}}$

(STEP 2) $e$의 분산 $V = \left(1 - \dfrac{\text{표의 세로 합계치}}{\text{총합계}}\right) \times \left(1 - \dfrac{\text{표의 가로 합계치}}{\text{총합계}}\right)$

(STEP 3) 조정화 잔차 $d = \dfrac{e}{\sqrt{V}}$

이것을 앞의 원 데이터에 적용한 것이 그림 4.11과 같습니다. 아래쪽의 조정화 잔차에 대한 결과를 보면 A나라에서는(다른 나라와 비교하여 상대적으로) B제품이 팔리고 A제품이 팔리지 않는다는 상황이 정량적으로 표시되어 있습니다. 이 수치의 절대치 그것 자체는 의미가 없지만, 상대적인 비교를 하기 위해서는 이 예와 같이 나라끼리 비교도 가능합니다. 물론 플러스의 값은 기대치(이론치)보다 큰 값을 나타내고 있고, 역으로 마이너스는 기대치보다 작은 것을 나타내고 있습니다. 즉, 조정화 잔차는 나라마다의 특징, 제품마다의 특징을 상대적으로 부각시켜 줍니다. 물론 독립성의 검정을 한 결과, 데이터 사이에 차이가 있다는 결론을 얻었을 때만 이들의 처리가 의미를 갖는 것은 말할 필요가 없습니다.

그림 4.12는 A제품에 대하여 나라마다의 조정화 잔차를 Excel의 방사형 차트에 의해 참고로 표시한 것입니다. 이것에 의하여 어느 나라가 상대적으로 A제품의 판매가 낮고 어느 것이 높은지 등 시각적으로 추적하는 것이 가능해집니다. 이 예와 같이 나라개수가 한정되어 있을 경우에는 조정화 잔차의 값을 비교하는 것이 쉽지만, 요소의 수가 상당히 많은 경우에는 이 방사형차트가 위력을 발휘합니다.

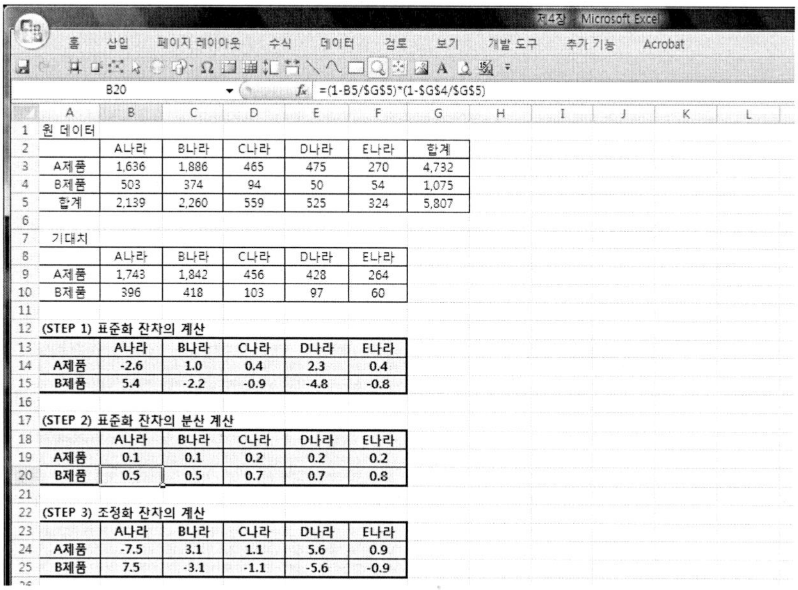
제4장 - Microsoft Excel
B20 =(1-B5/$G$5)*(1-$G$4/$G$5)

원 데이터

| | A나라 | B나라 | C나라 | D나라 | E나라 | 합계 |
|---|---|---|---|---|---|---|
| A제품 | 1,636 | 1,886 | 465 | 475 | 270 | 4,732 |
| B제품 | 503 | 374 | 94 | 50 | 54 | 1,075 |
| 합계 | 2,139 | 2,260 | 559 | 525 | 324 | 5,807 |

기대치

| | A나라 | B나라 | C나라 | D나라 | E나라 |
|---|---|---|---|---|---|
| A제품 | 1,743 | 1,842 | 456 | 428 | 264 |
| B제품 | 396 | 418 | 103 | 97 | 60 |

(STEP 1) 표준화 잔차의 계산

| | A나라 | B나라 | C나라 | D나라 | E나라 |
|---|---|---|---|---|---|
| A제품 | -2.6 | 1.0 | 0.4 | 2.3 | 0.4 |
| B제품 | 5.4 | -2.2 | -0.9 | -4.8 | -0.8 |

(STEP 2) 표준화 잔차의 분산 계산

| | A나라 | B나라 | C나라 | D나라 | E나라 |
|---|---|---|---|---|---|
| A제품 | 0.1 | 0.1 | 0.2 | 0.2 | 0.2 |
| B제품 | 0.5 | 0.5 | 0.7 | 0.7 | 0.8 |

(STEP 3) 조정화 잔차의 계산

| | A나라 | B나라 | C나라 | D나라 | E나라 |
|---|---|---|---|---|---|
| A제품 | -7.5 | 3.1 | 1.1 | 5.6 | 0.9 |
| B제품 | 7.5 | -3.1 | -1.1 | -5.6 | -0.9 |

**그림 4.11** 조정화 잔차의 계산 예

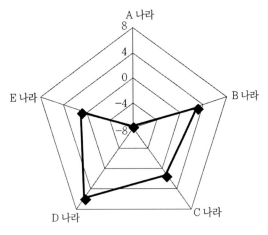

**그림 4.12** 방사형차트

## 4.4 *t* 검정

앞에서 설명한 독립성 검정 외에 일반적인 검정에서는 '샘플로 모집단의 특성을 산출'한다는 발상은 같지만, 그 검정대상에 따라 다음과 같은 예가 있습니다.

- 모비율의 검정(모집단에서 XX의 비율은 YY 이상인가 아닌가 등)
- 모평균의 검정(모집단에서 평균치는 XX 이상인가 아닌가 등)
- 모비율 차이의 검정(2개의 모집단 XX의 비율에 차이가 있는가 없는가 등)
- 모평균 차이의 검정(2개의 모집단 평균치의 차이가 있는가 없는가 등)
- 모분산 비의 검정(2개의 모집단 XX의 분산비는 YY 이상인가 아닌가 등)

각각에 대하여 통계량을 산출하기 위한 공식이 다르며, 이 책에서 전부를 소개하는 것은 어렵기 때문에 통계 관련의 책을 참고하기 바라며, 여기서는 필자가 일상의 실무에서 가장 많이 사용하는 모평균 차이의 검정에 대해서만 소개합니다.

모평균 차이의 검정은 2개의 모집단에서 추출한 샘플데이터로 그 모집단의 평균치에 통계적인 차이가 있다고 할 것인지 아닌지를 검정하기 위한 것입니다. 이것도 예를 들어 보겠습니다. 표 4.5는 가나가와 현(神奈川県)에 있는 점포와 도쿄도(東京都)에 있는 점포를 대상으로 각각 같은 수의 점포를 샘플로 추출하고, 매일매일 방문객을 카운트한 데이터입니다. 각각의 평균 방문객은 가나가와 현이 31.8명, 도쿄도가 37.2명이었습니다. 여기서 '뭐야 가나가와 현과 도쿄도에는 차이가 있어!. 도쿄도 쪽에 많은 손님이 들어가네?'라고 단정 지어 말해도 괜찮을까요? 의사결정을 할 때, 주관적인 판단에 의해 결론이 나뉠 때에는 결국 객관적으로 보는 쪽이 중요합니다.

**표 4.5** 방문객 실적비교

| 가나가와 현 | 도쿄도 | 가나가와 현 | 도쿄도 |
|---|---|---|---|
| 20 | 30 | 10 | 19 |
| 40 | 40 | 15 | 27 |
| 37 | 60 | 20 | 35 |
| 29 | 24 | 43 | 29 |
| 35 | 19 | 41 | 48 |
| 33 | 15 | 44 | 54 |
| 11 | 69 | 35 | 13 |
| 9 | 55 | 25 | 14 |
| 34 | 49 | 51 | 24 |
| 45 | 43 | 9 | 28 |
| 40 | 58 | 14 | 32 |
| 42 | 39 | 30 | 52 |
| 33 | 33 | 45 | 56 |
| 29 | 11 | 37 | 40 |
| 40 | 32 | 30 | 18 |
| 37 | 45 | 29 | 39 |
| 52 | 50 | 44 | 36 |
| 30 | 75 | 13 | 27 |
| 59 | 47 | 19 | 30 |
| | 평균치 | 31.8 | 37.2 |

그래서 '샘플데이터에 의한 평균치는 31.8, 37.2가 되었지만, 이들로부터 추측되는 모집단에 대한 평균치에서는 통계적으로 차이가 있다고 할 것인지 아닌지'라는 검정이 등장합니다. 이것을 $t$ 검정이라고 합니다. 상세한 이론 설명은 생략하고 통계량인 $t$값(앞의 독립성 검정에서 $\chi^2$의 값에 해당하는 것)의 산출 식을 소개합니다.

산출 식을 보면 알 수 있듯이 결정하는 것은 샘플데이터의 평균치만이 아닌 그 데이터의 흩어짐을 나타내는 분산의 값도 포함되어 있습니다. 즉, 원 샘플데이터의 값이 얼마나 크고 작게 퍼져있는가라는 점이 고려되어야 한다는 것입니다. 그러면 먼저 순서를 알아보겠습니다.

**순서 1**  모집단의 특성을 고려하면서 그 가설을 규정한다.

'가나가와 현과 도쿄도의 방문객 평균치에 차이가 없다'고 하는 가설을 설정합니다.

**순서 2**  확률분포도를 만들기 위한 값(이것을 통계량이라 부른다)을 계산한다.

$t$값을 공식에 따라서 산출합니다. 공식은 평균치에 차이가 없다는 가설 아래, 다음과 같이 규정됩니다.

$$t = \frac{X_1의\ 평균 - X_2의\ 평균}{\sqrt{\dfrac{S_1^2}{n_1} + \dfrac{S_2^2}{n_2}}}$$

단, $X_1$, $X_2$는 2개의 데이터를, $S_1$은 $X_1$의 분산, $n_1$은 $X_1$의 샘플개수를 표시

**순서 3**  5%나 10%를 취한 가설을 기각하는 기준(이것을 기각역이라 부른다)을 설정하고, 샘플에서 구한 통계량과 어느 값이 그 기각역에 들어가는지 아닌지를 확인한다.

독립성의 검정인 경우와 마찬가지로 자유도를 구해, 5% 기각역의 $t$값과 순서 2의 공식에서 산출된 $t$값을 비교하여 가설이 기각되는지 아닌지를 확인합니다. 이 경우, 독립성 검정의 경우와 마찬가지로 자유도를 구해둘 필요가 있습니다.

상기와 같은 순서를 밟아 가면 결론에 가까스로 도착할 수는 있지만, 독립성 검정 때와 마찬가지로 Excel 함수로 한 번에 결론을 내리는 것이 가능합니다. 특히 모평균 차이를 검정할 때에는 자유도를 일부러 복잡한 공식을 사용하여 산출하지 않으면 안 되는 것이 있으며, 검정의 방법을 알고 있다면 실무상 앞으로 소개하는 함수를 사용하면 충분하지 않을까 필자는 생각합니다.

그림 4.14에 Excel의 TTEST함수를 앞의 예로 적용한 것을 소개합니다. 지면관계상 데이터의 일부가 숨김으로 되어 있습니다. '배열1(Array1)'에 가나가와 현의 데이터 범위를 지정, '배

열2(Array2)'에 도쿄도의 데이터 범위를 지정합니다. 'Tails'에 1을 지정하면 '편측 검정'으로 불리는 설정이 됩니다. 이것은 이미 어느 데이터가 다른 쪽보다도 분명히 크다(작다)는 것을 알고 있는 경우에 선택합니다. 크기(대소)를 알 수 없는 경우는 기각역을 대소 양쪽으로 만들기 위하여(이것을 '양측 검정'이라 부른다) 2를 지정합니다. '검정의 종류(Type)'에는 '쌍을 이루는 데이터 $t$검정'의 경우에는 2를, '비등분산의 2표본을 대상으로 하는 $t$ 검정'인 경우에는 3을 선택합니다. 각각에 대하여 설명하면 다음과 같습니다.

1 쌍을 이루는 데이터란 예를 들어 앞의 데이터에서 가나가와 현과 도쿄도 각각 서로 가로로 나란한 데이터가 동일 방문객을 나타내는 경우에 '쌍'으로 되어 있는 경우, 즉 각각의 나란한 순으로 합하여 '같은 날의 데이터'와 같이 쌍을 이뤄 조합시킨 것이 데이터상에 삽입되는 경우를 말합니다(그림 4.13에 보면 표의 최상단은 같은 데이터 취급일인 8월 10일에 가나가와 현 20명, 도쿄도 30명이라는 쌍의 데이터를 나타내고 있습니다).
2 '등분산'이란 2개의 데이터가 같은 모집단에서 샘플되었다고 예상되는 경우를 가리킵니다.
3 '비등분산'이란 다른 모집단에서 샘플되었다고 예상되는 경우를 가리킵니다.

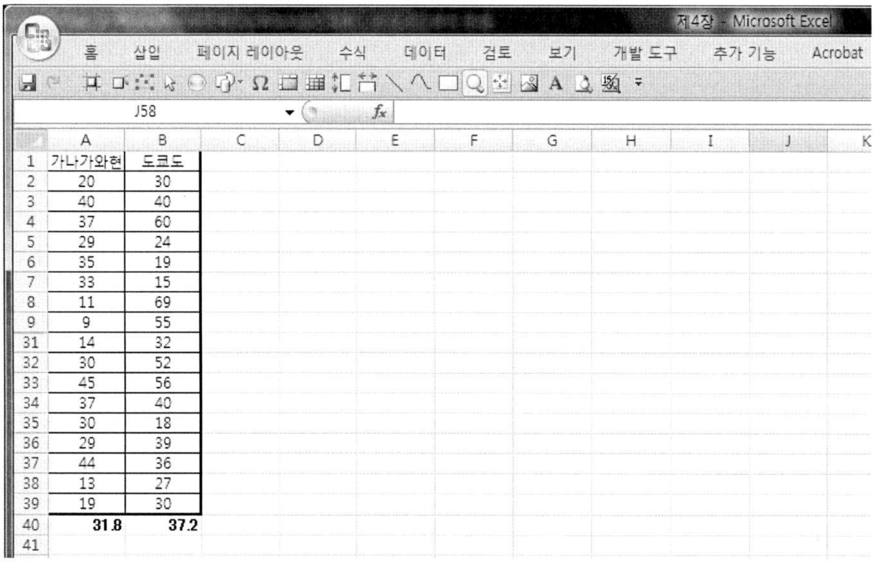


| | A | B |
|---|---|---|
| 1 | 가나가와현 | 도쿄도 |
| 2 | 20 | 30 |
| 3 | 40 | 40 |
| 4 | 37 | 60 |
| 5 | 29 | 24 |
| 6 | 35 | 19 |
| 7 | 33 | 15 |
| 8 | 11 | 69 |
| 9 | 9 | 55 |
| 31 | 14 | 32 |
| 32 | 30 | 52 |
| 33 | 45 | 56 |
| 34 | 37 | 40 |
| 35 | 30 | 18 |
| 36 | 29 | 39 |
| 37 | 44 | 36 |
| 38 | 13 | 27 |
| 39 | 19 | 30 |
| 40 | 31.8 | 37.2 |
| 41 | | |

**그림 4.13** 쌍을 이루는 데이터의 예

이 예에서는 3의 경우를 예상하고 있습니다.

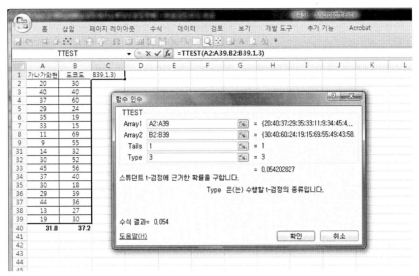

**그림 4.14** TTEST함수 입력화면

[확인]을 클릭한 결과, 0.054라는 값이 표시되었습니다. 이것은 *t*값이라는 검정량의 확률분포에서 5.4%의 확률을 나타내고 있습니다. 기각역인 5%보다도 크기 때문에 '가나가와 현과 도쿄도의 방문객 평균치에 차이가 없다'고 하는 가설을 기각할 수 없다는 결론이 되었습니다. 즉, 샘플데이터로 부터는 각각 31.8 및 37.2라는 평균치가 얻어졌지만, 가나가와 현의 모집단 평균과 도쿄도의 모집단 평균에는 통계적으로 유의한 차이가 있다고는 말할 수 없는 결론이 도출되었습니다. 또, 엄밀하게는 이 검정에서 모집단의 데이터를 전부 모아서 검정할 수는 없고, 필자는 실무상 그리 엄밀하게 신경 쓰지 않습니다.

---

### *t* 검정 : Excel 작업의 포인트

Excel 분석 도구의 TTEST함수를 사용하면, 그 함수의 결과를 보는 것만으로 결론을 얻을 수 있습니다. 이것이 5%보다 낮으면 가설을 기각, 5%보다 높으면 가설을 기각할 수 없다는 결론에 점프할 수 있습니다. 이것으로 결론을 얻기 위해 필요한 프로세스는 전부입니다.

---

## 4.5 분산 분석

4.4절에서 2개의 데이터에 대한 차이를 검정하였습니다. 그러면 3개 이상의 데이터에 대해서는 어떤 검정이 있을까요? 이것에는 분산 분석이라는 방법을 사용합니다. 분산 분석도 검정의 하나이며, 기본적인 방법은 지금까지 설명한 다른 검정과 동일합니다. 또한 Excel에도 분산 분석을 지원하는 기능이 많이 내장되어 있습니다. 그럼 예를 들어가면서 분산 분석이란 구체직으로 어떤 것인지 알아보겠습니다.

그림 4.15는 20명에게 가격, 기능, 사용성, 크기, 디자인, 무게, 서비스, 소리 등 8개 항목에 관하여 자사제품인 제품A, 타사제품인 제품B 및 제품C에 대하여 5단계 평가의 앙케트를 실시한 결과를 데이터로 나타내고 있습니다.

또, 그림 4.16은 8개 항목 각각에 대한 평균을 데이터에서 산출하여 제품마다 나타낸 것입니다.

| | A | B | C | D | E | F | G | H | I | J | K | L | M | N | O | P | Q | R | S | T | U | V |
|---|---|---|---|---|---|---|---|---|---|---|---|---|---|---|---|---|---|---|---|---|---|---|---|
| 1 | 제품A | | | | | | | | | | | | | | | | | | | | | 평균 |
| 2 | 가격 | 4 | 4 | 5 | 4 | 5 | 5 | 5 | 4 | 5 | 4 | 5 | 5 | 5 | 5 | 5 | 4 | 5 | 4 | 4 | 5 | 4.60 |
| 3 | 기능 | 4 | 5 | 3 | 5 | 2 | 4 | 4 | 5 | 3 | 4 | 5 | 5 | 4 | 4 | 3 | 4 | 2 | 5 | 4 | 5 | 4.05 |
| 4 | 사용성 | 4 | 4 | 4 | 4 | 4 | 4 | 3 | 5 | 4 | 5 | 4 | 4 | 4 | 4 | 4 | 5 | 5 | 5 | 5 | 4 | 4.25 |
| 5 | 크기 | 4 | 4 | 5 | 4 | 5 | 4 | 4 | 5 | 4 | 5 | 4 | 4 | 4 | 5 | 4 | 4 | 5 | 5 | 4 | 5 | 4.20 |
| 6 | 디자인 | 3 | 4 | 4 | 5 | 4 | 3 | 3 | 5 | 4 | 4 | 5 | 3 | 4 | 3 | 4 | 5 | 4 | 5 | | | 3.90 |
| 7 | 무게 | 4 | 4 | 3 | 4 | 3 | 4 | 3 | 5 | 5 | 4 | 4 | 3 | 4 | 3 | 4 | 4 | 5 | 4 | | | 3.85 |
| 8 | 서비스 | 4 | 4 | 4 | 4 | 3 | 5 | 5 | 4 | 4 | 5 | 5 | 4 | 3 | 4 | 3 | 5 | 4 | | | | 3.95 |
| 9 | 소리 | 3 | 5 | 4 | 5 | 4 | 3 | 4 | 5 | 5 | 5 | 5 | 3 | 3 | 4 | 3 | 4 | 4 | | | | 4.05 |
| 10 | | | | | | | | | | | | | | | | | | | | | | |
| 11 | 제품B | | | | | | | | | | | | | | | | | | | | | 평균 |
| 12 | 가격 | 4 | 4 | 4 | 3 | 4 | 3 | 5 | 4 | 3 | 5 | 3 | 3 | 4 | 4 | 3 | 4 | 3 | 3 | 4 | 3 | 3.65 |
| 13 | 기능 | 4 | 5 | 2 | 3 | 3 | 5 | 5 | 5 | 2 | 4 | 4 | 4 | 5 | 5 | 5 | 3 | 3 | 2 | 4 | 3 | 3.80 |
| 14 | 사용성 | 3 | 4 | 4 | 4 | 5 | 5 | 5 | 4 | 5 | 4 | 5 | 4 | 3 | 4 | 3 | 5 | 4 | 4 | 4 | 4 | 4.15 |
| 15 | 크기 | 5 | 4 | 4 | 5 | 4 | 4 | 5 | 5 | 4 | 4 | 4 | 3 | 4 | 3 | 5 | 4 | 4 | 5 | 3 | 4 | 4.15 |
| 16 | 디자인 | 5 | 4 | 4 | 4 | 4 | 4 | 4 | 4 | 5 | 3 | 4 | 5 | 3 | 4 | 4 | 4 | 4 | 4 | 4 | 3 | 3.95 |
| 17 | 무게 | 3 | 4 | 4 | 4 | 4 | 4 | 4 | 4 | 4 | 3 | 4 | 4 | 4 | 3 | 4 | 3 | 4 | 4 | 4 | 4 | 3.75 |
| 18 | 서비스 | 5 | 4 | 4 | 5 | 5 | 5 | 5 | 5 | 5 | 5 | 4 | 2 | 5 | 4 | 5 | 4 | 2 | 4 | 2 | 5 | 4.40 |
| 19 | 소리 | 3 | 5 | 3 | 4 | 4 | 4 | 5 | 4 | 4 | 4 | 4 | 4 | 3 | 4 | 4 | 3 | 3 | 3 | 3 | 3 | 3.70 |
| 20 | | | | | | | | | | | | | | | | | | | | | | |
| 21 | 제품C | | | | | | | | | | | | | | | | | | | | | 평균 |
| 22 | 가격 | 4 | 4 | 4 | 4 | 2 | 4 | 4 | 4 | 3 | 5 | 4 | 4 | 4 | 4 | 2 | 3 | 4 | 3 | 4 | | 3.70 |
| 23 | 기능 | 3 | 3 | 4 | 3 | 4 | 4 | 3 | 4 | 4 | 5 | 4 | 5 | 2 | 3 | 4 | 2 | 2 | 3 | 3 | | 3.45 |
| 24 | 사용성 | 3 | 4 | 4 | 4 | 4 | 4 | 4 | 3 | 4 | 2 | 3 | 2 | 2 | 2 | 2 | 4 | 2 | 2 | 2 | 2 | 3.15 |
| 25 | 크기 | 4 | 4 | 3 | 4 | 4 | 4 | 4 | 3 | 5 | 4 | 5 | 4 | 3 | 3 | 4 | 4 | 4 | 5 | 3 | | 3.85 |
| 26 | 디자인 | 3 | 4 | 5 | 5 | 4 | 4 | 5 | 4 | 4 | 4 | 3 | 4 | 4 | 4 | 3 | 5 | 5 | 5 | | | 4.25 |
| 27 | 무게 | 3 | 4 | 4 | 4 | 3 | 4 | 4 | 3 | 4 | 4 | 4 | 3 | 3 | 5 | 3 | 4 | 3 | 3 | 4 | | 3.85 |
| 28 | 서비스 | 3 | 3 | 4 | 4 | 4 | 5 | 4 | 4 | 4 | 4 | 4 | 3 | 4 | 3 | 4 | 4 | 4 | 4 | 4 | | 3.80 |
| 29 | 소리 | 5 | 5 | 3 | 3 | 3 | 5 | 4 | 2 | 3 | 4 | 3 | 3 | 5 | 3 | 5 | 3 | 3 | 3 | 4 | | 3.55 |

**그림 4.15** 각 제품에 대한 앙케트의 결과

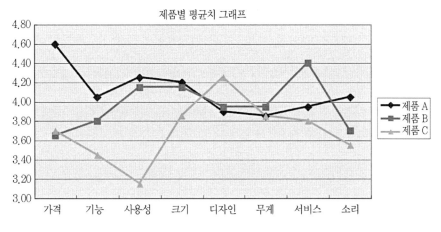

**그림 4.16** 제품별 평균 그래프

그러면 그림 4.16에 표시된 결과를 보면서 자사제품 A는 타사제품 B, C에 비하여 어느 요소에 유의한 차이가 있다고 말할 수 있겠습니까? 다시 한 번 고려해야 할 것은 이 데이터는 20명의 앙케트 조사에 의한 것이기 때문에 어디까지나 샘플에 의한 평균치의 결과밖에 되지 않습니다. 물론 현실적으로 세상 사람 모두(이것은 모집단에 의해 얻어지지만)에 대하여 앙케트를 실시할 수 없으므로 실무에서도 앙케트를 사용하는 것 자체는 일반적인 순서라고 할 수 있습니다.

필자는 이 데이터를 사용하여 실제로 실험을 한 것이 있습니다. 약 50명의 사람으로 그림 4.16의 그래프를 보면서 같은 질문을 하였습니다. 즉, 이것은 20명에 대한 샘플데이터에 의한 평균의 결과이지만, 어느 요소의 평균에 차이가 나타난다고 생각합니까?라고 물어보았습니다. 재미있는 것은 예를 들면 '무게'와 같이 명확한 차이가 거의 없는 요소에 대해서는 전원이 '차이가 없다'라는 일치된 의견이었지만 '기능', '크기', '서비스'와 같은 요소에서는 '차이가 있다'고 주장하는 사람과 그렇지 않다는 사람으로 나누어진 것입니다. 또한 다른 요소에 대해서도 앞의 '무게' 이외에 전원의 의견이 완전히 일치를 본 것은 아니었습니다. 하지만 어떻습니까? 이와 같은 그래프를 사용하여 '자사의 제품A는 XX가 타사보다 우수하며, YY가 뒤떨어진다…'고 단정적으로 말해도 좋습니까? 이 프로세스의 논쟁이 아니라도 일상의 실무에서 이와 같은 주장의 대립을 보는 경우는 상당히 많다고 느끼는 것은 필자뿐일까요?

지금부터 분산 분석을 사용하여 통계적으로 이들의 각 요소에 유의한 차이가 있는지 없는지를 검증해보겠습니다. 단, 오해하지 말아야 할 것은 필자는 그림 4.16과 같은 샘플의 평균을 나열하여 이것을 비교하는 것 자체를 부정하는 것은 아닙니다. 이것은 이것으로 완벽하지는 않지만 하나의 방법이고, 보는 사람에 따라 이해방법의 차이에 따라 생기는 문제점과 통계적 데이터처리로서의 정확도 문제로 눈을 돌리면 시간과 에너지와 같은 코스트를 들이지 않고 대세를 파악하는 방법으로서는 '있음'이라고 생각하고 있습니다. 단, 앞에서 소개한 것과 같이 그림 4.16의 경우에 극히 단순한 그래프에서도 실제로 보는 사람에 따라 이해방법이 다양한 것도 사실로 인정하지 않을 수 없습니다.

그러면 분산 분석의 방법에 대하여 설명하겠습니다. 여기서 주목해야 할 중요한 사항은 '데이터의 불균형'입니다. 분산에 대해 지금까지 몇 번이나 언급하였는데 방법은 기본적으로 같습니다. 데이터의 불균형 폭이 분산 분석의 키가 됩니다. '분산' 분석이라는 이름이 붙어 있을 정도니까 뭔가 관련이 있다는 것을 쉽게 예상할 수 있다고 생각합니다.

그림 4.17을 보시기 바랍니다. 간단히 하기 위하여 1개의 요소만(앞의 예에서는 예를 들면 제품A와 제품B의 가격에 관한 데이터로 생각해주십시오)을 채택하여 고려하겠습니다. 이것은 2개의 데이터 평균과 그 흩어짐을 개념적으로 나타내고 있습니다. 여기서 분산 분석에 사용하는 단어로서 알아두어야 할 2가지를 소개합니다.


· **인자** : 비교하고 있는 요소에 관한 것을 가리킵니다(이 예에서는 '소리'나 '가격' 등).
· **수준** : 비교하는 대상이 되는 것을 가리킵니다(이 예에서는 제품A, B, C).


그림 4.17은 (하나의 예로서) '가격'이라는 인자에 관한 제품A와 제품B라는 수준의 분포를 나타내고 있다고 말할 수 있습니다. 각각 다른 평균을 가지며, 그 평균 주위로 데이터가 분포하고 있는 것입니다. 또, 평균에 가까운 만큼 그 값을 가진 데이터가 많이 존재하기 때문에 분포의 높이가 높아져 있으며, 평균에서 떨어져 있을수록 그 데이터의 존재하는 개수가 적어지기 때문에 분포의 높이는 낮아지게 됩니다. 이것이 이 그림이 의미하는 것입니다.

그러면 통계적으로 의미가 있는 '차이'란 어떤 것일까? 그림 4.17과 같이 각각 수준의 평균에 대한 차이를 (A)로 합니다. 이 (A)라는 차이는 2개의 데이터 중에서 흩어짐[이 경우 (B)]의 크기와의 상대적인 차이에 따라서 처음으로 의미가 있는 것이 됩니다. 즉, 만약에 그림 4.18과 같이 각각의 데이터 흩어짐이 2개의 평균의 차이에 비해 충분히 크다고 하면 어떨까요? 단지 그 평균의 차이는 우연히 얻어진 결과이지, 특별히 언급하여 '평균에 차이가 있다'고 하는 결론이 될 만한 크기의 차이는 아니라고 할 수 있습니다. 요컨대, 각각의 데이터가 나타내는 흩어짐은 우연히 일어나는 정도의 크기 '차이[그림 4.17에서의 (B)]'이며, 그것에 비하여 평균의 '차이[그림 4.17에서의 (A)]'는 큰 것인가 작은 것이냐는 결론을 내리고 있는 것입니다. 이것을 전문적인 말로 바꾸면 다음과 같이 됩니다.

'수준간의 흩어짐'이 '수준내의 흩어짐'에 비하여 충분히 크면, 그 평균의 차이는 통계적으로 유의하다고 한다.

어떻습니까? 데이터의 비교를 단순하게 평균으로 비교하는 것만이 아닌 각각에 대한 데이터의 흩어짐을 고려한다면 보다 더 잘 알 수 있겠지요. 지금까지 평균만을 생각했던 분들에게는 신선하게 보일지도 모르겠지만 이론적으로 고려해야 할 요소라고 말할 수 있는 것이 아닐까요?

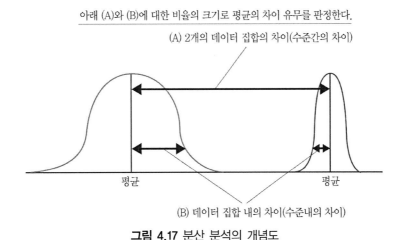

**그림 4.17** 분산 분석의 개념도

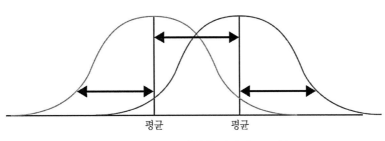

**그림 4.18** 수준내의 흩어짐이 큰 경우

지금까지는 이미지를 사용하여 분산 분석을 개념적으로 설명하였습니다. 그러면 구체적으로 Excel에서의 조작에 들어가기 전에, 지금까지 기술한 것을 수치 예를 사용하여 이론적으로 다시 한 번 보겠습니다.

한 번 더 같은 예를 사용하여 설명합니다. 단, 이론의 이해를 목적으로 하기 때문에 그림 4.19와 같이 데이터의 규모를 축소한 것을 사용합니다. 즉, 앙케트의 응답자를 5명으로 하고, 인자를 '가격'만으로 하였습니다.

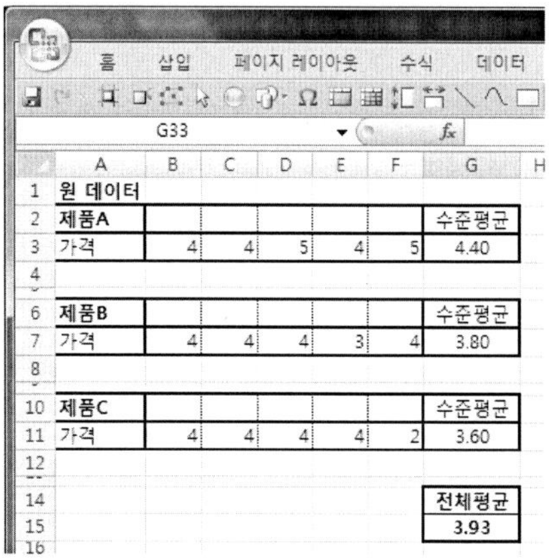


| | A | B | C | D | E | F | G |
|---|---|---|---|---|---|---|---|
| 1 | 원 데이터 | | | | | | |
| 2 | 제품A | | | | | | 수준평균 |
| 3 | 가격 | 4 | 4 | 5 | 4 | 5 | 4.40 |
| 6 | 제품B | | | | | | 수준평균 |
| 7 | 가격 | 4 | 4 | 4 | 3 | 4 | 3.80 |
| 10 | 제품C | | | | | | 수준평균 |
| 11 | 가격 | 4 | 4 | 4 | 4 | 2 | 3.60 |
| 14 | | | | | | | 전체평균 |
| 15 | | | | | | | 3.93 |

**그림 4.19** 규모를 축소한 데이터

앞에서 기술한 수준간의 차이와 수준내의 차이를 보다 명확하게 하기 위하여 이 데이터를 사용하여 그림 4.20과 같은 처리를 하였습니다. 각각의 처리내용에 대해서 순서대로 설명합니다.

### (A) '전체평균과 데이터와의 차이'를 2승

그림 중에 (A)가 나타내고 있는 것은 전체데이터의 평균인 3.93(전체평균)과 각 데이터와의 차이(변동)입니다.

지금까지 분산의 계산에서 설명한 것과 같이 단지 2개의 값에 대하여 빼기를 하여 차이를 계산하면 한쪽이 다른 쪽에 대하여 크거나/작아지는 경우에 플러스·마이너스의 양쪽 중에 하나의 값이 산출되며, 이것을 더하는 경우에 서로 상쇄되어 버리기 때문에 '차이의 2승'을 더하는(이것을 제곱합이라 부른다) 것으로 하고 있습니다. 즉, (A)의 표에서 (하나의 예로서) 제품A의 가장 우측 끝에 들어 있는 값은 원 데이터인 5와 전체평균인 3.93의 차이를 2승한

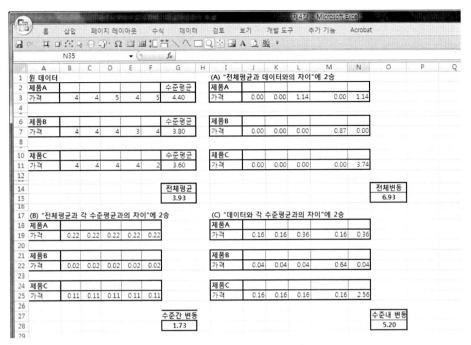

**그림 4.20** 변동의 분해

1.14라는 값이 됩니다. 이것은 무엇을 의미하고 있는 것인가 하면 원 데이터의 값이 전체의 평균에서 얼마만큼 떨어져 있는가(변동이 있는가)를 평균에서의 거리의 2승을 그 변동으로서 나타내고 있는 것이 됩니다. 이 계산을 각 데이터에 대하여 하고, 전부 합계한 것이 '전체변동' 이라는 값(여기서는 6.93)이 됩니다.

### (B) '전체평균과 각 수준평균과의 차이'를 2승

이것은 전체평균을 기준으로 하여 각각 수준(여기서는 제품A, B, C)의 평균이 얼마만큼 떨어져 있는지를 (A)와 마찬가지로 제곱합을 사용하는 방식으로 산출하고 있습니다. 원 데이터의 값에 얽매이지 않고, 단지 전체평균과 수준평균과의 차이를 고려하고 있기 때문에 같은 수준내에서는 당연히 같은 값이 늘어서게 됩니다. 이들 전부를 곱한 것을 '수준간 변동'이라고 부릅니다. 말 그대로 수준간의 변동에 대한 크기를 나타내고 있습니다.

### (C) '데이터와 각 수준평균과의 차이'를 2승

이것은 각 수준평균을 기준으로 하여 그 수준내의 원 데이터가 거기서 얼마만큼 떨어져 있

는지를 나타냅니다. 계산의 방법은 (A), (B)와 마찬가지로 제곱합을 사용하며 이것을 '수준내
변동'이라 부릅니다.

이상 (A)에서 (C)에 대하여 각각 계산하였습니다. 분산 분석의 방법은 수준간의 차이와 수
준내의 차이의 비율에 대하여 고려하면 좋으므로, 상기의 (B)와 (C)의 비율을 알면 좋겠다는
것입니다. 그러나 여기서 말하고 싶었던 것은 그림 4.20을 보고 알아차린 사람도 있겠지만
전체변동이 수준간 변동과 수준내 변동의 합으로 되어 있습니다. 즉, 다음 식이 성립됩니다.

전체변동 = 수준간 변동 + 수준내 변동
6.93  =   1.73   +   5.20

이것은 무엇을 의미하고 있을까요? 전체변동 즉, 각 데이터의 흩어짐은 수준간의 차이(분
산)(여기서는 제품마다 평균의 분산)와 수준내의 분산(여기서는 같은 제품에 대한 앙케트 응
답자에 의한 분산)이라는 2개의 요소를 정확히 분해하다는 것입니다. 다른 시각으로 보면, 원
데이터에는 시작부터 어느 정도의 분산이 존재하고 있습니다. 이 분산의 요인은 2개로 분해되
며, 1개는 제품별로 차이가 있는 응답이 이루어졌다고 하는 요인(수준간 변동)과 다른 하나는
응답자가 다른 것에 의한 차이라는 요인(수준내 변동)으로 나눌 수 있습니다. 이들의 관계를
그림으로 표시한 것이 그림 4.21입니다.

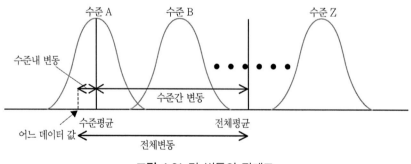

**그림 4.21** 각 변동의 관계도

그런데, 여기서 다시 한 번 분산 분석으로 되돌아갑시다. 분산 분석이란, 이 제품에 의한
차이는 응답자에 의한 차이와 비교하여 어느 기준 이상 큰 것이다! 라고 말하면 이 제품간의

평균의 차이에는 의미가 있다! 고 하는 결론이 된다는 것이었습니다. 그러면 여기서 이 '의미가 있는 차이'인지 아닌지를 검정하는 방법에 대하여 설명합니다.

검정의 기본을 다시 확인해봅시다. 검정은 우선 가설을 만드는 것부터 시작합니다. 그래서 그 검정내용에 따라서 정하는 '검정량'을 계산하고, 그것이 기각역(예를 들면 5%)에 들어가면 가설을 기각한다고 하는 순서였습니다. 분산 분석에서 가설은 비교적 간단합니다. 즉, 'XX종류의 데이터 평균에는 차이가 없다'라는 가설을 설정하고, 이것이 검정에 의해 기각되면 '각 데이터의 평균에는 통계적으로 유의한 차이가 있다'고 하는 결론이 내려집니다.

분산 분석에서 통계량은 $F$분포라는 것을 사용합니다. $F$분포상의 통계량인 $F$값 산출을 위한 공식은 다음과 같습니다.

$$F = \frac{\text{수준간 변동} \div \text{자유도 } 1}{\text{수준내 변동} \div \text{자유도 } 2}$$

위의 식은 '수준간 변동 및 수준내 변동을 각각의 자유도로 나눈 것의 비는 각각의 데이터 평균에는 차이가 없다고 하는 가설 아래 $F$분포에 따른다'는 것을 나타내고 있습니다. 자유도 1과 자유도 2처럼 자유도로 나눈 것은 수준간 변동과 수준내 변동에서 각각 자유도가 다르기 때문입니다. 자유도 1은 '수준의 수−1'로 정의됩니다. 즉, 이 경우는 3−1＝2가 됩니다. 또, 자유도 2는 '수준의 수×(1 수준내의 데이터 수−1)'로 정의 되며, 이 경우는 3×(5−1)＝12가 됩니다.

실무적으로는 위와 같이 자유도 산출의 정의를 알고 있으면 그것으로 충분합니다. 조금 알기 쉽게 자유도에 대하여 설명하면 다음과 같이 됩니다. 자유도란 자유롭게 움직이는 변수의 수로 정의됩니다. 자유롭게 움직이는 수라는 것은 변수의 수에서(평균의 전제 등 무언가의) 제약의 수를 뺀 나머지의 수를 가리킵니다. 즉, 이 예에서 자유도 1은 수준의 수＝3에 대하여 가설에서 평균 간에는 차이가 없고, 즉 3수준의 평균의 평균이 0이라는 제약이 하나 들어가 있기 때문에 이것을 수준의 수에서 뺄 필요가 있습니다. 한편 자유도 2에서는 수준내의 사항 이었으므로 수준내의 데이터 수에서(이것의 평균치는 이미 산출되어 이용되고 있다고 하는 의미에서 이것이 하나의 제약이 된다) 평균에 의한 제약인 1을 뺀 후에 모든 수준을 합계한 것을 자유도로 하고 있는 것입니다. 즉, 각 수준별로는 (데이터 수−1)을 계산하고, 이것이 3 수준이므로 3을 쓰고 있습니다. 자유도에 대하여 보다 상세한 것을 알고 싶으면 통계 관련의 서적을 참고하시기 바랍니다.

그러면 이 예에서의 통계량인 $F$값은 얼마가 되겠습니까?

$$F = \frac{1.73 \div 2}{5.20 \div 12} = 2.00$$

다음에 알고 싶은 것은 $F$분포에서 기각역 5%일 때의 $F$의 값입니다. 이것을 앞의 2.00과 비교하면 가설의 기각여부를 판명할 수 있습니다. 이것은 Excel의 FINV함수를 사용합니다. FINV함수는 다음과 같이 정의되어 있습니다.

FINV(확률, 자유도 1, 자유도 2)

Excel 함수에 의한 설정을 나타낸 것이 그림 4.22가 됩니다. 이 결과, 5%일 때의 $F$값은 3.89인 것을 알 수 있습니다. 여기서는 자유도 1, 2를 나누어 입력하고 있는 것에 주목하기 바랍니다.

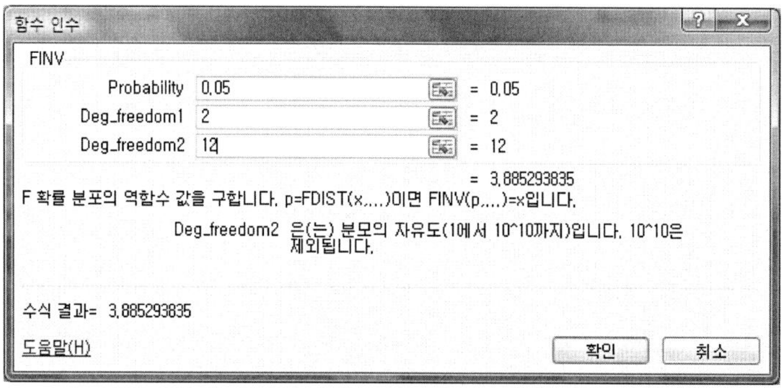

**그림 4.22** FINV함수의 설정

즉, 데이터에서 산출된 $F$값이 2.00인 것에 대하여 5% 기각역을 나타내는 $F$값은 3.89이므로 이 가설은 기각할 수 없습니다. 그림 4.19에서 사용한 샘플데이터에서는 3개 제품의 가격에 대한 평가의 평균에는 유의한 차이가 있다고 말할 수 없다는 결론이 됩니다. 이것을 $F$의 확률분포도에서 본 것이 그림 4.23이 됩니다. 여기서 이 분포도의 모양은 반드시 2와 12의 $F$분포를 나타내는 것은 아니라는 것에 주의하기 바랍니다.

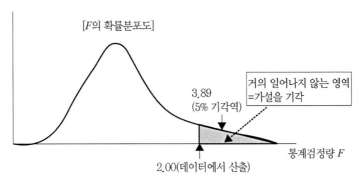

**그림 4.23** $F$ 분포도에서 산출결과

여기서 전부 같은 것을 접근방식을 반대로 하여 다시 1개의 $F$분포에 관한 Excel 함수를 사용해보십시오. FINV의 반대를 산출하는 함수가 있습니다. FDIST함수라는 것으로 다음과 같이 정의됩니다.

$$\text{FDIST}(F값, \ 자유도\ 1, \ 자유도\ 2)$$

앞의 예와 같이 데이터에서 산출된 $F$값이 있는 경우, 그것은 확률분포상 몇 %인지를 산출하는 것입니다. 그림 4.24에 FDIST함수의 입력 예를 표시합니다.

**그림 4.24** FDIST함수의 입력 예

그림 4.24는 데이터에서 산출된 $F$값이 2.00이며, 자유도가 각각 2, 12일 때, 약 17.8%인 것을 나타내고 있습니다. 앞의 결과와 같이 5%를 초과하고 있어 가설은 기각할 수 없다는 결론이 도출되었습니다.

지금까지 기본에 따른 분산 분석에 대하여 설명하였습니다. 그런데 실제로는 이 분산 분석도 반드시 이와 같은 프로세스를 안 거쳐도 바로 결론에 점프할 수 있는 기능이 Excel에 내장되어 있습니다. 따라서 그림 4.19와 같은 데이터를 Format을 바꿔 보겠습니다.

그림 4.25와 같이 가격에 관한 데이터만을 제품마다 상하로 모아서 정리합니다. Excel에서 [데이터]−[데이터 분석]을 선택하면 [통계데이터 분석]의 화면이 나타납니다. 이 중에서 '분산 분석−일원 배치법'을 선택하고 [확인] 버튼을 클릭합니다. 일원배치란 이 예의 '가격'과 같이 1개의 요소에 의한 차이를 다루는 경우를 가리킵니다. 이원배치란 마찬가지의 경우로 요소가 2개인 경우를 가리킵니다. 이 책에서는 일원배치까지의 소개를 기본으로 하고, 반복 있는 이원배치에 대해서는 나중에 간단하게 접할 수 있을 거라고 생각합니다.

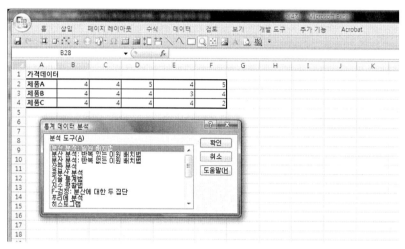

**그림 4.25** 분산 분석의 선택

[확인]을 클릭하면 그림 4.26과 같이 설정화면이 나타납니다. '입력범위'에는 데이터의 이름표를 포함하여 그 범위 전체를 지정합니다. '데이터 방향'에 대해서는 데이터가 가로로 정렬되어 있으면 '행'을 선택하고, 세로이면 '열'을 선택합니다. 또, 이름표도 입력범위에 들어가므로 '첫째 행 이름표 사용'에 체크를 합니다. 알파 ($\alpha$)가 0.05로 이미 들어가 있다고 생각되지만, 이것은 기각역이 5%인 것의 설정이니 그대로 합니다(그렇지 않으면 0.05를 입력하여 주세요). 마지막으로 임의의 셀을 출력 범위로 지정하면 완료입니다.

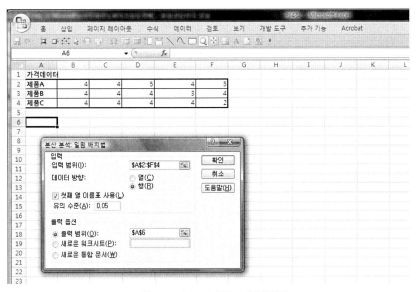

**그림 4.26** 분산 분석의 입력화면

　그림 4.27이 그 결과입니다. 본 적이 있는 값이 나란히 적혀 있는 것에 대하여 눈치챘습니까? '분산 분석표'를 보면 지금까지 산출해왔던 다양한 값이 정리되어 있는 것을 알 수 있습니다. 왼쪽부터 '변동의 요인' 칸을 보면 처리(여기서는 수준간을 가리킨다)에는 1.73, 잔차에는 5.2로 되어 있는데, 그림 4.20에서 산출한 것과 같은 값으로 되어 있습니다. 다음에 자유도도 앞에서 기술한 것과 같은 값으로 되어 있습니다. 변동 ÷ 자유도에서 산출되는 분산이 그 우측에 표시되어 있으며, 이들의 비를 얻은 것이 '$F$ 비'가 됩니다. 앞에서 계산한 2.0이라는 값과 같습니다. 그 우측에는 '$P$-값'이라는 칸이 있으며, 이것이 $F = 2.0$일 때의 확률을 나타내고 있습니다. 17.8%라는 앞의 결론과 같은 값입니다. 그리고 가장 오른쪽의 칸은 기각역 5%에 대한 $F$ 기각치가 표시되어 있습니다.

　이상, 분산 분석의 이론에 대해서 다소 어려운 면도 있었지만, Excel에 의해 결론을 얻는 프로세스는 대단히 간단하며 다음과 같이 정리할 수 있습니다.

---

**분산 분석 : Excel 작업의 포인트**

Excel 분석 도구의 분산 분석을 사용하면, 그 결론을 얻기 위해 보는 것은 단지 하나뿐입니다. '$P$-값'을 보기 바랍니다. 이것이 5%보다 낮으면 가설을 기각, 5%보다 높으면 가설을 기각할 수 없다는 결론에 도달할 수 있습니다. 이것으로 결론을 얻기 위해 필요한 프로세스는 전부입니다.

---

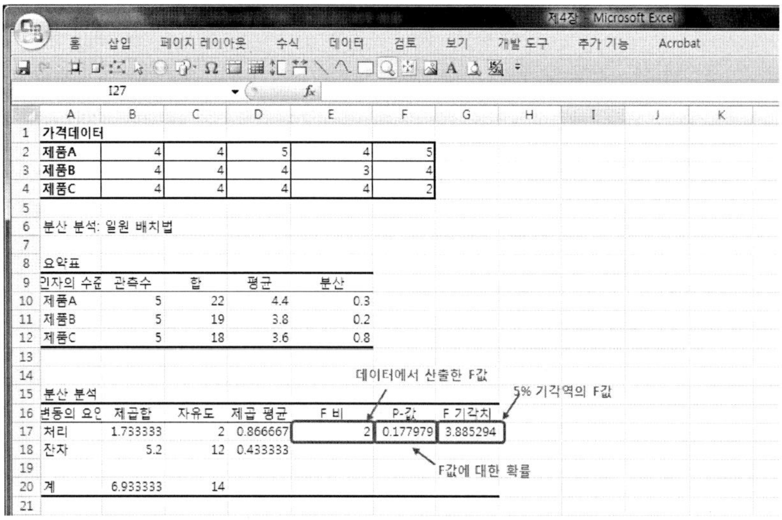

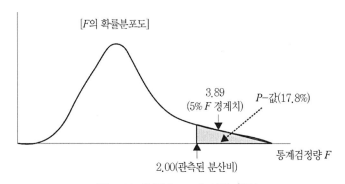

그림 4.27 분산 분석의 결과

확인한 그대로지만 '$P$-값'이 5%보다 낮으면 '$F$ 비'는 필히 5% 기각역을 나타내는 $F$값인 '$F$ 기각치'보다 높게 되어 있게 됩니다. 이 예에서는 '$P$-값'은 17.8%이므로 '$F$ 비'는 '$F$ 기각치'보다 낮게 되어 있습니다. 이 관계를 확률분포도로 보게 되면 그림 4.28과 같이 됩니다.

[$F$의 확률분포도]

3.89
(5% $F$ 경계치)

$P$-값(17.8%)

통계검정량 $F$

2.00(관측된 분산비)

그림 4.28 확률분포에 의한 확인

지금까지 길게 설명하였지만, 겨우 제품A에서 C까지의 각 평가요소(인자)의 평균에 대한 차이가 있는지 없는지의 처음 과제로 다시 되돌아오게 되었습니다. '가격'에서 '소리'까지의 각 요소(인자)에 대하여 분산 분석을 해보십시오. 이때 '$P$-값'을 주목하면 모집단의 평균치에 제품A, B, C 사이에 차이가 있는지 없는지에 대해 판단을 할 수 있습니다. 여기서는 그림

4.29에서 '서비스'에 대하여 실시한 분산 분석을 예로서 소개하고, 그 밖의 요소에 대해서는 표 4.5에서 5% 기각역을 전제로 한 결과에 대해서만 소개합니다. 순서는 '서비스'에 대하여 실시한 것과 같습니다.

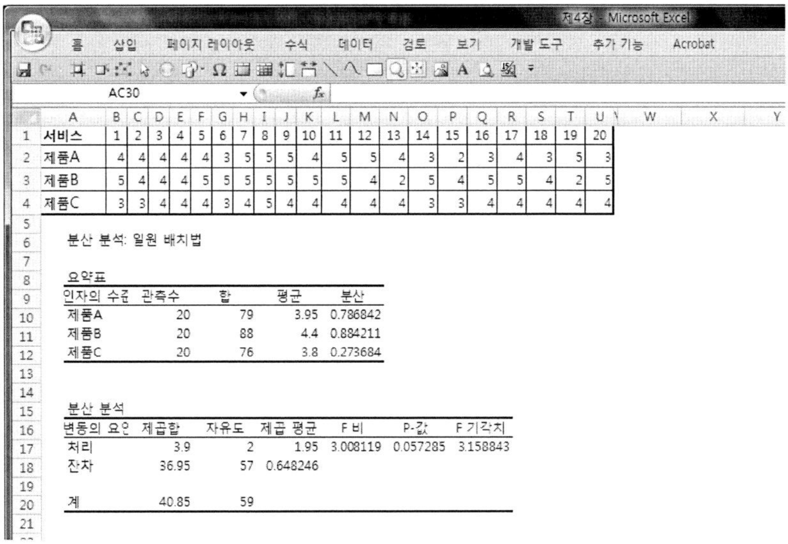

| 서비스 | 1 | 2 | 3 | 4 | 5 | 6 | 7 | 8 | 9 | 10 | 11 | 12 | 13 | 14 | 15 | 16 | 17 | 18 | 19 | 20 |
|---|---|---|---|---|---|---|---|---|---|---|---|---|---|---|---|---|---|---|---|---|
| 제품A | 4 | 4 | 4 | 4 | 4 | 3 | 5 | 5 | 5 | 4 | 5 | 5 | 4 | 3 | 2 | 3 | 4 | 3 | 5 | 3 |
| 제품B | 5 | 4 | 4 | 4 | 5 | 5 | 5 | 5 | 5 | 5 | 5 | 4 | 2 | 5 | 4 | 5 | 5 | 4 | 2 | 5 |
| 제품C | 3 | 3 | 4 | 4 | 4 | 3 | 4 | 5 | 4 | 4 | 4 | 4 | 4 | 3 | 3 | 4 | 4 | 4 | 4 | 4 |

분산 분석: 일원 배치법

요약표

| 인자의 수준 | 관측수 | 합 | 평균 | 분산 |
|---|---|---|---|---|
| 제품A | 20 | 79 | 3.95 | 0.786842 |
| 제품B | 20 | 88 | 4.4 | 0.884211 |
| 제품C | 20 | 76 | 3.8 | 0.273684 |

분산 분석

| 변동의 요인 | 제곱합 | 자유도 | 제곱 평균 | F 비 | P-값 | F 기각치 |
|---|---|---|---|---|---|---|
| 처리 | 3.9 | 2 | 1.95 | 3.008119 | 0.057285 | 3.158843 |
| 잔차 | 36.95 | 57 | 0.648246 | | | |
| 계 | 40.85 | 59 | | | | |

**그림 4.29** '서비스'에 대한 분산 분석의 결과

그림 4.29에 따르면 '$P$-값'은 0.06(6%)으로 되어 있으며, 빠듯하게 5%의 기각역에 들어가지 않아 가설을 기각할 수 없는 결과가 도출되었습니다. 이것에 의하여 '서비스'에 관해서는 제품별 평균치에는 유의한 차이가 있다고 말할 수 없음을 나타내고 있습니다.

**표 4.6** 각 요소의 분산 분석 결과

| 요소 | $P$-값 | 가설기각? |
|---|---|---|
| 가격 | 1.26E−05 | YES |
| 기능 | 0.20 | NO |
| 사용성 | 2.49E−05 | YES |
| 크기 | 0.12 | NO |
| 디자인 | 0.20 | NO |
| 무게 | 0.84 | NO |
| 서비스 | 0.06 | NO |
| 소리 | 0.12 | NO |

표 4.6의 결과에 의하여 제품A, B, C 사이에는 '가격'과 '사용성' 2개의 요소만으로 한 그 평균치에서는 유의한 차이가 있다는 것을 앙케트의 샘플데이터로 검정하였습니다. 어떻습니까? 여기서 '서비스'나 '기능'의 경우에 그래프를 주관적으로 보게 됨으로써 개인에 따라서 의견이 나뉘는 것을 이처럼 정량적으로 나타냄으로써 객관적인 논의나 의사결정이 가능하게 되지 않을까요?

엄밀하게 말하면 분산 분석은 각 수준의 데이터가 정규분포 하는 모집단으로부터 추출되어 있는 것을 전제로 하고 있습니다. 그러나 이것도 $t$ 검정과 마찬가지로 실무에서는 거기까지 엄격하게 할 필요는 없다고 필자는 생각하고 있습니다. 분산 분석은 특히 전제조건(분산 분석의 경우 모집단의 정규분포)을 다소 만족할 수 없어도 결과에는 큰 영향이 없다는 것이 이미 알려져 있습니다. 이와 같은 유연성을 Robustness라고 합니다.

실제로 지금까지의 예에서는 각 인자에 대하여 앙케트 응답자가 동일 인물임을 굳이 가정하지는 않았습니다. 즉, 그림 4.15의 표에서 같은 사람이 각각의 요소에 대하여 응답을 하고, 그 결과가 세로로 나란히 기재되어 있는 것이 아니라 이들의 응답결과는 어디까지나 평가결과를 나열했을 뿐이라는 것을 가정하고 있습니다. 일원분산 분석의 전제는 이것으로 충분하다는 것입니다.

그러나 실제로는 같은 앙케트 응답자가 모든 인자에 대하여 동시에 평가를 하고, 그것을 응답자별로 정리하는 것도 있을 수 있다고 생각합니다. 그 이미지는 그림 4.30과 같습니다.

| | A | B | C | D | E | F | G |
|---|---|---|---|---|---|---|---|
| 1 | 제품A | 응답자1 | 응답자2 | 응답자3 | 응답자4 | 응답자5 | 응답자6 |
| 2 | 가격 | 4 | 4 | 5 | 4 | 5 | 5 |
| 3 | 기능 | 4 | 5 | 3 | 5 | 2 | 4 |
| 4 | 사용성 | 4 | 4 | 4 | 4 | 4 | 4 |
| 5 | 크기 | 4 | 4 | 4 | 5 | 4 | 3 |
| 6 | 디자인 | 3 | 4 | 4 | 5 | 4 | 3 |
| 7 | 무게 | 4 | 4 | 3 | 4 | 4 | 3 |
| 8 | 서비스 | 4 | 4 | 4 | 4 | 4 | 3 |
| 9 | 소리 | 3 | 5 | 4 | 5 | 4 | 4 |
| 10 | | | | | | | |

그림 4.30 동일 응답자에 의한 결과를 이용하는 경우

이 경우, 응답자라는 요소도 인자의 하나라고 생각할 수 있으므로 이와 같은 경우에는 '통계 데이터 분석' 중에서 '반복 없는 이원 배치법'이라는 분산 분석을 할 수 있습니다. 반복 없는 것이라는 것은 동일 응답자로부터 동일요소에 대하여 복수의 응답이 없는 것을 의미하며, 이원배치라는 것은 요소와 응답자라는 2개의 인자를 고려하는 것을 의미합니다.

여기서 이원배치의 분산 분석에 대한 상세이론은 전문서적을 참고하기 바라며, Excel에 의한 분석프로세스를 소개하겠습니다. 여기서는 '가격'만을 대상으로 그 예를 소개합니다.

**그림 4.31** 반복 없는 이원 배치법의 설정 예

그림 4.32에 이것에 의하여 구해진 결과를 표시하였습니다. '분산 분석표'의 변동의 요인 칸에 표시되어 있는 '처리'는 데이터 표의 세로축을 나타내고 있으며, 이 예에서는 제품이 됩니다. 마찬가지로 '잔차'는 가로축으로 응답자를 나타내고 있습니다. 이 결과에 따르면 일원분산 분석과 마찬가지로 제품에 의한 'P-값'은 5% 기각역보다 낮아서(4.7E−05), 전과 같이 가설이 기각되는 것을 확인할 수 있습니다.

분산 분석: 반복 없는 이원 배치법

| 요약표 | 관측수 | 합 | 평균 | 분산 |
| --- | --- | --- | --- | --- |
| 제품B | 20 | 73 | 3.65 | 0.45 |
| 제품C | 20 | 74 | 3.7 | 0.536842 |

| | | | | |
| --- | --- | --- | --- | --- |
| 4 | 2 | 8 | 4 | 0 |
| 4 | 2 | 8 | 4 | 0 |
| 5 | 2 | 8 | 4 | 0 |
| 4 | 2 | 7 | 3.5 | 0.5 |
| 5 | 2 | 6 | 3 | 2 |
| 5 | 2 | 7 | 3.5 | 0.5 |
| 5 | 2 | 9 | 4.5 | 0.5 |
| 4 | 2 | 8 | 4 | 0 |
| 5 | 2 | 6 | 3 | 0 |
| 4 | 2 | 10 | 5 | 0 |
| 5 | 2 | 7 | 3.5 | 0.5 |
| 5 | 2 | 7 | 3.5 | 0.5 |
| 5 | 2 | 8 | 4 | 0 |
| 5 | 2 | 8 | 4 | 0 |
| 5 | 2 | 7 | 3.5 | 0.5 |
| 4 | 2 | 6 | 3 | 2 |
| 5 | 2 | 6 | 3 | 0 |
| 4 | 2 | 7 | 3.5 | 0.5 |
| 4 | 2 | 7 | 3.5 | 0.5 |
| 5 | 2 | 7 | 3.5 | 0.5 |

이곳을 주목!

분산 분석

| 변동의 요인 | 제곱합 | 자유도 | 제곱 평균 | F 비 | P-값 | F 기각치 |
| --- | --- | --- | --- | --- | --- | --- |
| 인자 A(행) | 0.025 | 1 | 0.025 | 0.056047 | 0.81539 | 4.38075 |
| 인자 B(열) | 10.275 | 19 | 0.540789 | 1.212389 | 0.339456 | 2.168252 |
| 잔차 | 8.475 | 19 | 0.446053 | | | |

**그림 4.32** 반복 없는 이원 배치법의 분산 분석 결과

# 05
# 회귀분석

EXCEL

이 장에서는 분석·예측도구로서 대표적인 회귀분석에 대하여 알아봅니다. 복수의 변수로 이루어진 데이터에서 변수 간의 관계식을 도출함으로서 다양한 분석과 장래예측 등에 이용할 수 있습니다. 응용하는 분야에 상관없이 이 기능을 목적한 대로 활용함으로써 다양한 시사를 얻을 수 있는 매우 편리한 도구입니다. 또한 Excel에도 회귀분석을 하기 위한 기능이 내장되어 있어, 그 과정을 배움으로서 당장이라도 실무에 응용하는 것이 가능합니다.

# 회귀분석

## 5.1 회귀분석의 개요

이 장에서 설명하는 회귀분석은 필자가 알고 있는 MBA Holder에게 들었던 범위에 대해서는 많든 적든 어떤 비즈니스 스쿨에서도 가르쳐 주는 것 같습니다. 필자가 다닌 미국의 Emory대학원에서는 특히 Decision Science를 큰 기본과목의 하나로 가르치고 있으며, DIA(Decision and Information Analysis)의 필수과목에서 회귀분석에 대하여 많은 시간을 할당하고 있습니다. 여기서 중요한 메시지는 회귀분석의 상세한 이론이나 그 방법도 좋지만 그 결과를 해석하여 자신의 의사결정에 어떻게 연결할 것인가에 역점을 두고 있습니다. 이것은 비즈니스스쿨이라는 것은 수학과에도 통계학과에도 없는 비즈니스스쿨인 것이 당연하지만 결과는 기계적으로 나타나는 한편, 그것을 어떻게 해석하는 가는 그다지 디지털방식도 아니고 다양한 방식이 있다는 것을 시사하고 있습니다. 그렇지만 필자의 경험상 회귀분석은 매우 설득력이 있으며, 스스로 데이터를 분석하는 경우나, 상대를 설득하기 위한 프레젠테이션 등에서 몇 번 정도 실무에서 활약한 툴입니다. 또, 계산 자체는 Excel로 간단하게 할 수 있기 때문에 상당히 간편합니다. 결코 기계적·맹목적으로 계산만을 하여 결과를 사용하는 것만이 아니고 주의 깊게 사용함으로서 비즈니스에서 의사결정을 할 때에 대단히 강력한 툴이라고 할 수 있습니다.

- **의사결정 문제(장래수요예측)**

어느 나라의 판매 대리점과 내년도의 비즈니스플랜[판매개수 기준량(책임량)]을 합의할 필요가 있었다. 그 나라에서는 업계가 여러 회사에 의한 과점상태에 있어, 전수(그 시장 전체에 있어 수요 전체)가 내년도에 어느 정도 있으며, 그중에서 시장점유율 XX%이기 때문에 내년도 비즈니스플랜은 YY가 된다고 하는 논의가 있었다. 항상 과제가 되는 것은 내년의 수요를 입장이 다른 공급자 측과 대리점 사이에 어떻게 객관적인 수치를 베이스로 논의를 진행해가는 것이냐이다. 안타깝게도 이 시장에는 신뢰할 만한 공식적인 데이터는 없고, 항상 시장수요의 크기에 대하여 합의할 수 없고 논의는 갈라져 있을 뿐이었다. 따라서(신뢰하는 공식 데이터는 없고, 늘 시장 수요의 크기에 대해 합의하지 못하고 논쟁이 있을 뿐이었다.) 대리점이 납득할 내년도의 수요를 어떻게 프레젠테이션을 할 수 있을까?

위와 같은 과제에서 서로 자신의 주관적인 주장을 말하는 것만으로는 평행선을 달리는 것은 분명합니다. 이와 같을 때에 이 시장에 관한 다양한 요인의 과거데이터(이것은 정부 홈페이지 등에 공표되어 있다)를 이용한 회귀분석을 실시하여 내년도의 수요예측을 객관적으로 제시할 수 있었습니다. 그림 5.1이 그 프레젠테이션의 내용입니다. 이 시장에서의 수요는 JPY(일본의 엔/US $), Oil Price(원유가격), Real GDP(실질 GDP), Population(인구) 등에 의하여 큰 영향을 미치고 있다는 짐작은 하고 있기 때문에 정부가 발표한 지표를 이용하였습니다. 물론 최종성과를 얻기 까지는 다른 변수도 사용하여 시행착오를 거치지만 최종적으로 이들의 변수를 사용하는 것으로 과거의 실적도 높은 정확도로 설명할 수 있었으며, 결과적으로 객관적인 미래를 예측하는 데 성공하였습니다. 그림에 표시된 식이 과거의 실적을 이용하여 회귀분석에 의하여 구해진 식입니다. 각각의 변수(JPY, Oil Price 등)에 내년도의 예측치를 대입하면 수요(TTL Demand)가 계산됩니다. 또, 과거의 실적치를 이용하여 전체수요를 계산한 결과, 그 계산값과 실적치가 거의 일치하여 이 식의 신뢰성에서 매우 설득력이 있는 것을 확인하였습니다. 대리점에 대하여 이후에도 크게 수요가 늘어나 최소한 현재의 시장점유율을 유지할 수 있다면 XXX개는 판매할 수 있다고 하는 결론을 설득력을 가지고 프레젠테이션을 할 수 있었습니다.

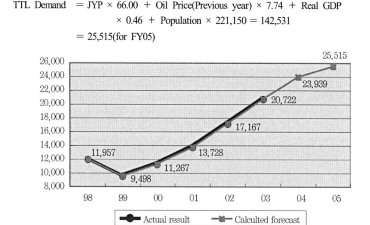

$$\text{TTL Demand} = \text{JYP} \times 66.00 + \text{Oil Price(Previous year)} \times 7.74 + \text{Real GDP}$$
$$\times 0.46 + \text{Population} \times 221,150 = 142,531$$
$$= 25,515\text{(for FY05)}$$

**그림 5.1** 회귀분석에 의한 시장수요예측

회귀분석에 대한 얘기에 들어가기 전에 실무에서 필자가 어떤 의사결정을 의뢰받아 회귀분석을 응용한 것에 대하여 하나의 예를 소개합니다. 특히 회귀분석은 그 응용분야와 적용범위가 넓기 때문에 어디까지나 하나의 예로 봐 주시기 바랍니다.

회귀분석이란 무엇인가? 이 말을 처음으로 들은 사람 중에는 어떤 문자를 써서 어떤 것을 분석하려고 하는 것은 아닌가 하는 사람도 있지 않을까요? 간단하게 말하면 어떤 데이터가 여러 개의 다른 종류의 데이터와 관련이 있는지? 있다면 어느 정도 관련이 있는지?라는 것을 수치로 나타내 보는 것입니다. 그래서 '의사결정론'의 관점에서 말하면 '이미 알고 있는 데이터를 이용하여 장래의 예측 등, 미지의 데이터를 추측하는 분석방법'이라고 말할 수 있습니다.

자주 사용하는 예가 그날의 기온과 맥주 판매량의 관계입니다. 당연히 기온이 올라가면 올라갈수록 맥주판매량이 좋다는 것은 쉽게 예상할 수 있겠죠. 그러면 통계적으로 정말로 이 데이터 사이에 관련이 있다고 말할 수 있는 것일까? 또 말할 수 있으면 어떤 수식으로 그 관계를 나타낼 수 있을까?라는 것을 명확하게 하기 위한 분석이 필요하게 됩니다. 만약에 기온과 맥주판매의 관계를 정량적으로 나타낼 수 있다면, 이것을 이용하여 장래(예를 들면 내일)의 기온으로 그날의 판매량을 예측할 수 있습니다(그림 5.2 참조). 단, 이들의 관계를 알기 위해서는 과거의 충분한 실적데이터가 필요하게 되며, 그것을 기초로 그 관계를 분석하는 것이 가능하게 됩니다. 따라서 이 기초데이터의 신뢰성이나 샘플개수, 타당성 등이 결과에 큰 영향을 미치는 것은 두말할 필요가 없습니다.

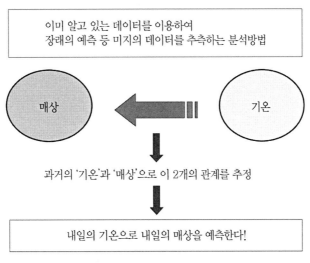

**그림 5.2** 회귀분석의 개념 예

## 5.2 회귀분석의 방법

5.1절에서는 회귀분석에 대한 개념을 개략적으로 기술하였습니다. 이미지는 어떤 것인지 알겠지만 구체적인 내용을 확실하게 알지 못한다고 하는 사람이 많을 것입니다. 아래에 방법에 대하여 순서대로 기술합니다. 우선 '데이터 사이의 관련'이란 어떤 것일까? 회귀분석은 2종류 이상의 데이터에 대한 관련성을 아는 것이라고 말했지만, 우선은 말을 알기 쉽게 하기 위하여 2종류의 데이터(이깃을 2변수라고 합니다. 변수는 같은 카테고리의 데이터 집합을 나타내는 것으로 생각해주십시오. 예를 들면 과거 3년간의 월별 평균기온과 일주일간의 요코하마 지점에서의 매상실적 등 데이터의 집합입니다)를 이용하여 봅시다. 왜 2변수의 예로 하는 것이 좋은가 하면 아래에서 설명하는 것과 같이 2변수 각각을 X축, Y축으로 한 산포도를 시각적으로 나타냄으로써 보다 개념적으로 이해하기 쉽기 때문입니다. 3변수 이상에서는 평면그림(2차원)으로 나타낼 수 없습니다. 우선은 필자가 유사하게 만든 어느 호프집에서 그날의 기온이 변수의 하나이고 맥주판매액이 하나, 합하여 2개의 변수를 사용한 예가 됩니다.

이와 같은 데이터를 실무에서 손으로 입력할 때에 여러분은 이것을 어떻게 분석합니까? 바꿔 말하면 이것으로 무엇을 읽을 수 있습니까? 또, 무엇을 가공하겠습니까? 이 데이터 표를 보는 것만으로 '확실히 기온이 내려가면 매상은 떨어진다. 대체로 얼마의 폭으로 매상이 떨어지고 있다' 등의 견해밖에 얻을 수 있는 것 아닙니까? 이것 자체에 의미가 없다는 것은 아니지만 실무상 그 결과를 사용하여 뭔가 도움이 되기에는 불충분하다고 할 수 있습니다. 당연한 것 아니냐고 하는 분도 많다고 생각합니다만, 기업에서의 실무에서도 이것만의 분석으로 과거의 경험과 개인적인 감각으로 다양한 판단이 하고 있는 것도 사실입니다. 어느 경우에는 이와 같은 정도의 분석으로도 충분 또는 시간적 제약 등을 고려하면 그쪽이 비용 대 이점이라는 면에서는 오히려 더 좋은 프로세스인 경우도 있습니다. 그러나 시간을 별로 들이지 않고도 더 깊이 분석하는 것이 가능한 것이 있기 때문입니다.

**표 5.1** 평균기온과 맥주판매액 데이터(2변수 데이터)

| 기온(도) | 맥주판매액(천 원) |
|---|---|
| 7.0 | 1,984 |
| 12.9 | 2,433 |
| 15.1 | 3,498 |
| 11.0 | 2,067 |
| 28.5 | 6,590 |
| 26.2 | 4,895 |
| 17.4 | 3,266 |
| 19.3 | 3,509 |
| 9.0 | 1,560 |
| 22.2 | 4,236 |
| 23.4 | 4,311 |
| 20.4 | 3,440 |
| 19.9 | 3,965 |
| 22.0 | 4,390 |
| 18.8 | 3,081 |
| 14.2 | 2,219 |
| 10.5 | 1,869 |
| 8.7 | 1,770 |

## 5.2.1 Excel을 사용한 회귀분석의 과정(개략)

우선 여기서는 Excel을 사용하여 회귀분석을 할 때의 과정을 대략 밟는 것으로 대체적인 흐름을 잡아보겠습니다. 덧붙여서 회귀분석을 하기 위한 소프트웨어는 Excel을 시작으로 Minitub나 SPSS라는 상용제품이 있습니다. 특히 필자가 다닌 Emory대학원의 비즈니스스쿨에서는 주로 Minitub를 사용하여 회귀분석을 하였습니다. 단, 전문가가 아닌 한 상용제품이 반드시 필요한 것인가는 의문이 들고, 기본적인 분석은 Excel로 충분하므로 필자도 실무에서는 Excel을 사용하고 있습니다. 실제로 Excel로 할 수 있는 범위는 충분히 많다고 실감하고 있습니다.

**순서 1** 데이터(변수) 사이의 관련을 시각적으로 잡기 위한 산포도를 그린다.

① [삽입]-[차트]를 선택합니다.

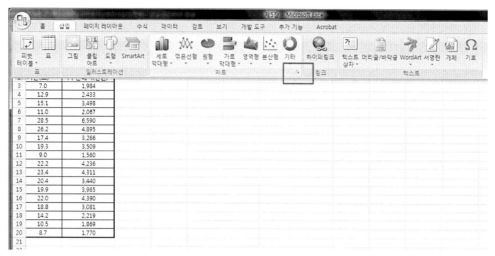

**그림 5.3** [삽입]-[차트]의 선택

② 그림 5.4와 같이 [차트 삽입]이 표시되면 분산형(표식만 있는 분산형)을 선택하고 [확인] 버튼을 클릭합니다.

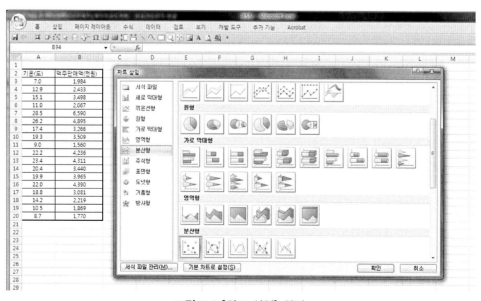

**그림 5.4** [차트 삽입] 화면

③ 그림 5.5와 같이 데이터 범위를 지정합니다. 가장 간단하게 완성시키기 위해서는 여기 서 [확인] 버튼을 클릭합니다. Excel에서 축이나 보기의 조정은 가능하지만 여기서는 상세한 것을 생략합니다. Excel에 관한 설명서 또는 도움말을 참조하십시오.

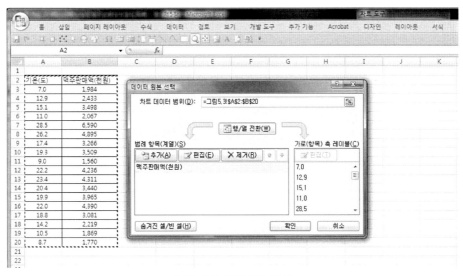

**그림 5.5** 산포도의 작성

이 순서에 따라 완성한 산포도가 그림 5.6입니다. 세로축이 맥주판매액이며, 가로축이 평 균기온입니다. 가파른 관계(즉, 기온이 올라가면 올라갈수록 판매액이 커진다는 과거의 실적 관계)를 알 수 있을 것입니다. 이것만으로도 표 5.1의 수치데이터보다도 감각적으로 그 관계 를 알 수 있겠죠? 또, 이 경우에 맥주판매액과 평균기온에는 직선적인 관계가 있다는 것도 알 수 있습니다. 직선적이라는 것은 평균기온과 맥주판매액에 비례관계가 있다는 것입니다. 중학교의 수학에서 $y = ax + b$라는 식을 배운 것을 생각해보세요. X축의 값이 2배가 되면 Y축 의 값도 2배가 된다는 것입니다. 제3장에서 설명한 상관관계가 강하다고 할 수 있습니다. 만 약에 그림 5.6에서 X축과 Y축이 이와 같은 정량적인 관계를 도출할 수 있다면 어떨까요? '감 각적인 관계'에서 '정량적인 관계'로 보다 더 업그레이드할 수 있습니다. 이와 같은 사항을 정 량적으로 분석하여 다음 의사결정에서의 기초로 이용하는 것이 가능해집니다.

① 변수 사이의 과거에 대한 정량적인 관계를 조직적으로 도출(과거의 분석)
② 도출한 정량적인 관계를 이용하여 장래예측에 사용한다(장래예측).

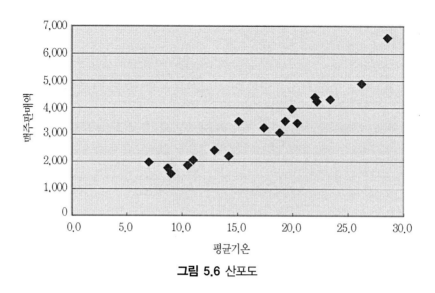

**그림 5.6** 산포도

## 순서 2 변수 사이의 정량적인 관계를 도출한다.

① 순서 1에서 구한 산포도 내의 점 중에서 어느 것이든 점 하나를 선택하고 마우스 오른쪽 버튼을 클릭합니다. 그러면 그림 5.7과 같이 표시되는데 [추세선 추가]를 선택하십시오.

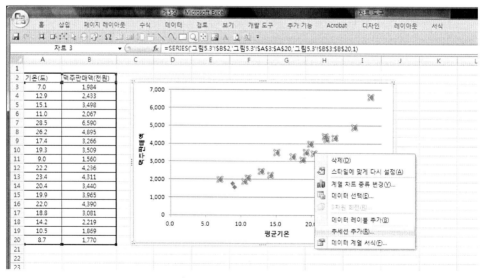

**그림 5.7** 표시된 Shot cut 메뉴

② 그러면 [추세선 추가] 화면이 표시됩니다. 그중에서 산포도 내의 점집합을 가장 잘 나타

내고 있는 추세선 종류를 선택합니다. 여기서는 가장 심플한 선형곡선을 선택합니다. 선형은 직선이며, X축의 변수와 Y축의 변수가 비례(직선) 또는 비례에 가까운 관계에 있는 경우에 사용합니다. 어떤 추세선을 선택하는 것이 가장 좋은지에 대해서는 다양한 고려방법이 있지만, 가장 간단한 견해의 하나는 시각적으로 가장 가까운 모양을 가진 것을 선택하고, 그 $R^2$의 값을 조정, 기타 해당되는 비슷한 추세가 있으면 그것에 대해서도 마찬가지로 $R^2$값을 봅니다.

그래서 $R^2$값이 가장 큰 것을 적용하면 좋다고 생각합니다(단, 이 경우에 데이터를 산포도로 나타내거나, 시각적으로 추세를 선택할 수 있는 것은 이 예와 같이 2변수의 경우만입니다). $R^2$값의 산출에서는 뒤에서 설명하겠지만, 그 해석에 대하여 간단하게 표현하면 추세선의 '들어맞는 정도'로 말할 수 있겠습니다. 0은 전혀 들어맞지 않고, 1은 그 추세선에서 모든 데이터를 나타내는(선에서 바깥에 있는 점이 존재하지 않는다) 것을 의미합니다. Excel의 기능에 의하여 X와 Y의 정량적인 관계를 나타내는 것과 동시에 $R^2$의 값에 대해서도 동시에 계산하여 표시하는 것이 가능합니다.

**그림 5.8** '추세선의 서식' 화면

③ 다음에 '추세선의 서식' 화면을 다시 보겠습니다.

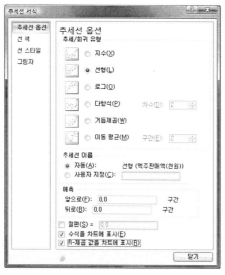

**그림 5.9** '추세선 옵션'에서의 선택

여기서 [수식을 차트에 표시]와 [R−제곱 값을 차트에 표시]에 체크하여 주십시오. 이것을 선택하면 단순하게 추세선을 그리는 것만이 아니고 우리가 알고 있는 곡선(이 경우는 직선이다)의 식과 들어맞는 정도를 나타내는 $R^2$값을 자동으로 구하여 표시합니다.

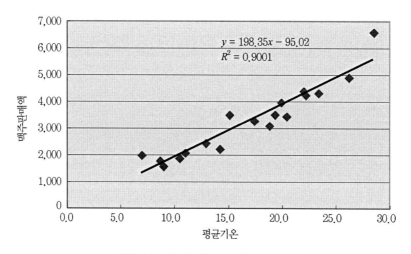

**그림 5.10** 산포도에서의 회귀분석 결과

그림 5.10이 그 결과입니다. 이와 같이 Excel에서 간단하게 관계식을 얻을 수 있습니다.

$y = 198.35x - 95.02$라는 식이 구해졌습니다. 이것은 '맥주판매액$=198.35 \times$ 평균기온$-$95.02'라는 관계를 나타내고 있습니다. 즉, 평균기온(도)을 $x$에 대입하면 그 기온에 대한 판매액 $y$가 산출되는 것입니다. 단, 정확하게는 이 관계식이 어디까지나 과거의 실적데이터로부터 그것을 가장 잘 나타내 얻을 수 있는 비율관계를 나타낸 것이며, 이것이 장래를 확실히 예측하는 지표라는 보증까지는 아닙니다. 또, 실제로 그림 5.10을 봐도 알 수 있듯이 과거의 실적으로만 구한 직선에서 어느 정도 떨어진 점도 존재합니다. 그러나 그 나름대로 정확도에서 이 선이 실적데이터를 설명할 수 있는 것이라면 이것을 어느 정도 유의한 것으로 이용함으로써 장래를 예측하기 위한 의사결정의 도구로 사용할 수 있는 것입니다. 여기서 $R^2 = 0.9001$이라는 기술이 있는데, 이것은 데이터의 각 요소의 구해진 직선(추세선)이 들어맞는 정도를 나타낸 것입니다. 앞에서도 설명하였지만, 전부 0이 구해진 직선에서는 설명할 수 없는 점뿐인 경우고, 1이 전부 설명할 수 있는 경우입니다. 여기서 구해진 0.9001이라는 값은 상당히 잘 들어맞는 것이라고 할 수 있습니다. 다시 한 번 앞에서 기술한 회귀분석의 2가지 효과에 대하여 이 예를 통하여 확인하면 다음과 같은 것을 알 수 있습니다.

① 변수 사이의 과거에 대한 정량적인 관련을 조직적으로 도출

　　$y = 198.35x - 95.02$라는 식 자체가 나타내는 것과 동시에 '기온이 1도 올라가면 198.35(천 엔) 판매액이 올라간다'고 하는 관계도 읽을 수 있습니다.

② 도출한 정량적인 관계를 이용하여 장래 예측에 사용한다

　　예를 들면 내일의 예측기온(일기예보)을 알고 있다면 그 값을 $x$에 대입하여 내일의 판매액 $y$를 예측할 수 있습니다.

**순서 3 구해진 식의 확인**

마지막으로 구해진 식에 대한 검증이 필요하게 됩니다. 구체적으로는 5.4절에서 변수가 3개 이상인 케이스(이것을 중회귀분석이라 말합니다)에 대하여 설명합니다. 2변수의 경우도 같은 순서로 하는 것이 가능합니다만, 저자는 실무상 2변수의 경우에는 산포도와 $R^2$값을 확인하는 것만으로(그다지 정확을 요구하지 않는 분석에서는) 분석을 종료하는 경우도 있습니다.

## 5.3 회귀분석의 메커니즘

5.2절에서 분석의 대략적인 순서를 상상할 수 있었을 것으로 생각합니다. 여기서는 '그러면 과거의 데이터를 가지고 어떤 구조로 $y = ax + b$라는 식을 도출할 것인가' 라는 회귀분석의 메커니즘에 대하여 기술합니다. 여기에서는 최소자승법(OLS; Ordinary Least Squares)이라는 방식이 사용되고 있습니다. 수학적으로는 편미분을 이용하여 설명되는 것이지만, 이 책에서는 어디까지나 '의사결정 모델'의 활용이 주목적이므로 상세한 설명은 생략합니다. 대신에 개념적으로 어떻게 구하는 것인지에 대하여 이해하기 바랍니다.

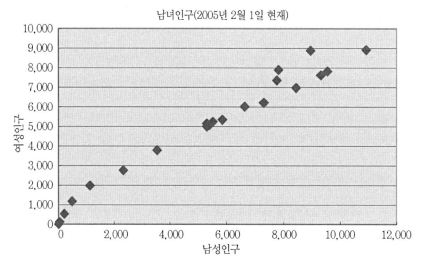

**그림 5.11** 2005년 2월 아츠기시 남녀인구(출처 : 아츠기시 홈페이지)

그림 5.11은 필자가 태어나고 자란 가나가와 현(神奈川県) 아츠기시(厚木市)의 어느 연령별 남녀인구를 나타낸 것으로 이것을 예로 설명합니다. 이것은 어느 연령층(예를 들면 0세부터 5세를 하나의 층으로)별 남성인구와 여성인구를 각각 세로와 가로축으로 그린 것입니다. 다음에 이 데이터에 대하여 이미 설명한 방법으로 회귀분석을 한 결과를 그림 5.12에 표시하였습니다.

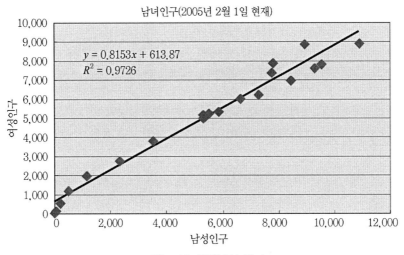

**그림 5.12** 회귀분석 결과

그림 5.12에서 $x$의 계수를 보면 알 수 있듯이, 같은 연령층의 남녀비율은 남성 : 여성 = 1 : 0.8513(구해진 식의 비례계수)으로 어느 연령층에 대해서도 거의 같다고 할 수 있습니다. 물론 이 데이터에는 그 특성상(단순히 같은 연령층의 남녀인구를 다루고 있기 때문에) 이것을 이용하여 무엇을 추측한다거나 하는 것에 활용하는 것은 곤란하겠지요.

그러면 다음에 그림 5.13을 이용하여 최소자승법의 개념에 대하여 알아보겠습니다.

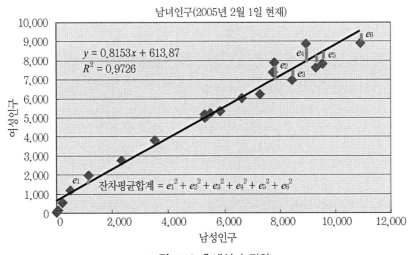

**그림 5.13** 추세선과 잔차

그림 5.13에는 이미 '최적의' 추세선이 그려져 있는데, 이 최적의 선을 어떻게 결정할 것인가 입니다. 우선 그림 5.13에 그려진 선이 임의의 장소에 그려진 직선이라고 가정하여 주십시오. 각각의 데이터 점은 당연히 전부 추세선 위에 놓인 케이스는 거의 없고 선과 어긋나(이것을 '오차' 또는 '잔차'라고 합니다. 이후 이 책에서는 잔차라고 합니다.) 각각의 점과 추세선과의 사이에 존재합니다. 최소자승법이란 잔차의 합계가 최소가 되는 것이 최적의 추세선이며, 이것을 구하려고 하는 방법입니다. 바꿔 말하면 '각각의 데이터 점과 추세선이 떨어져 있는 거리의 합계가 가장 작아지는 곳에 그려진 선이 최적 추세선이다'이라는 방법입니다. 단, 이 계산에는 작은 궁리가 필요합니다. 점과 선과의 상하관계에 따라 기계적으로 그 차이를 계산하면, 예를 들면 점이 추세선보다 위에 있는 경우에 그 차이를 플러스라고 하면 선의 아래에 있는 점과의 차이는 마이너스가 되어 전부를 더하게 되면 플러스마이너스가 상쇄되어 버린다는 것입니다. 그러나 여기에서는 잔차 합계의 값 자체는 의미가 없기 때문에 각각의 잔차를 전부 2승해가면서 더하게 되면 플러스와 마이너스라는 부호의 요소를 고려할 필요가 없게 됩니다. 분산을 구할 때의 방법과 같습니다. 이 이미지를 그림 5.13에 표시하였습니다. 정확하게는 모든 점의 잔차를 고려하는 것이 당연하지만, 여기서는 이해를 돕기 위하여 $e_1$에서 $e_6$까지 잔차의 2승을 더하여 잔차평방 합을 계산하는 것을 나타내고 있습니다. 뒤에는 미분을 사용하여 그 잔차평방의 합계가 최소가 될 때의 추세선을 수학적으로 구하는 것으로 되어 있습니다. Excel에서는 앞의 추세선의 그래프위저드에서 [수식을 차트에 표시]에 체크를 하면 자동으로 구할 수 있습니다. 또, 동시에 [R-제곱 값을 차트에 표시]에 체크를 하면 이것도 자동으로 계산해주므로 편리합니다.

다음 절부터는 보다 범용적인 3변수 이상의 회귀분석 방법에 대하여 설명을 하는데, 그 전에 추세선이 직선이 아닌 예를 하나 소개합니다(그림 5.14 참조). 실제로 필자도 실무에서 2변수의 회귀분석을 하는 경우에 설명하는 상대에 대한 설득력 및 이해하기 쉬운 요소를 고려하여 직선관계에 있는 2변수를 다루는 분석을 사용하는 경우가 많은데, 물론 세상에는 그다지 단순하지 않은 케이스도 많이 있습니다. 예를 들면 다음의 예에서는 직선이 아닌 추세선이 잘 들어맞는 ($R^2$값) 경우입니다. 이것은 신제품을 발매한 후, 시간의 경과와 함께 그 매상이 어떤 추이로 가는지를 나타낸 것입니다. 산포도를 보고 바로 명확하게 직선적인 관계가 아닌 것을 알 수 있습니다. 여기서는 [추세선 서식] 화면의 [추세선 옵션] 탭에서 '추세/회귀'유형을 [로그]로 선택합니다. 그림에서 구해진 식의 $Ln$은 자연대수(natural logarithm)를 의미합니다. $R^2$도 0.96으로 높게 나타났습니다. 만약에 이것을 억지로 직선으로 나타내는 것으로 하면 시간이 경과하면서 무제한으로 매상이 늘어나는 것처럼 되어 버립니다. 즉, 현실적이지 않습니다.

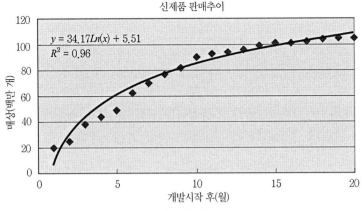

신제품 판매추이
$y = 34.17Ln(x) + 5.51$
$R^2 = 0.96$
매상(백만 개)
개발시작 후(월)


**그림 5.14** 직선이 아닌 회귀분석

# 5.4 다중회귀분석(3변수 이상의 회귀분석)

지금까지 설명해 온 2변수에 한하여 단순회귀분석이라고 부르는 것에 대하여 이제부터 설명하는 3변수 이상의 회귀분석을 다중회귀분석이라 부릅니다. 단, 단순회귀분석 자체는 다중회귀분석 중의 하나이기 때문에 지금부터 기술하는 것은 단순회귀분석에도 잘 들어맞습니다(전술한 산포도 등이 사용되지 않는 것 외에는 기본적으로 같습니다).

우선은 단순회귀분석에서 구한 '$y = ax + b$'와 마찬가지로 다중회귀분석에서 구하는 식의 일반형을 보십시오(그림 5.15 참조).

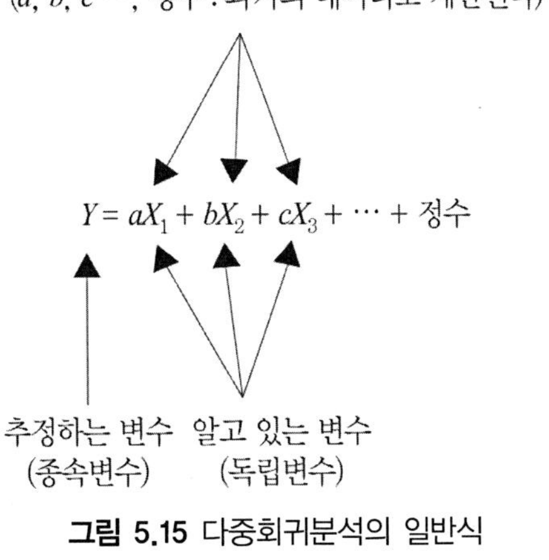

($a$, $b$, $c$ ⋯, 정수 : 과거의 데이터로 계산된다)
$Y = aX_1 + bX_2 + cX_3 + \cdots +$ 정수
추정하는 변수
(종속변수)
알고 있는 변수
(독립변수)


**그림 5.15** 다중회귀분석의 일반식

어디까지나 이것은 대수나 지수와 같은 함수를 포함하지 않는(즉, 비례관계만) 항으로 구성된 케이스입니다. 단순회귀분석일 때에는 그림 5.15 중의 $a$만이 남고 $b$, $c\cdots$가 전부 0이 되는 케이스만 고려하면 이것도 단순회귀분석을 나타내는 일반식이 되는 것을 알 수 있습니다. 그림 5.15에서도 설명되어 있지만, 복수의 변수인 $X_1$, $X_2$, $X_3$ 등으로 설명(계산)되는 변수 $Y$를 종속변수(피설명변수)라 하며, 이것을 설명하는 $X_1$, $X_2$, $X_3$ 등을 독립변수(설명변수)라 합니다. 예를 들면 $X_1$이 건축연수, $X_2$가 도쿄역에서의 철도영업거리, $X_3$이 인근역에서의 운행거리라고 하고, $Y$가 임대아파트의 월세라고 합니다. 종속변수인 임대아파트의 월세 $Y$는 $X_1$, $X_2$, $X_3$의 독립변수(다른 것이 있을지도 모르겠지만)에 따라 설명(계산)되는 것을 쉽게 상상할 수 있습니다. 남은 문제는 $X_1$, $X_2$, $X_3$의 앞에 붙은 계수(그림 5.15에서 $a$, $b$, $c\cdots$)는 몇 개인가?라는 것입니다. 이들 계수의 값을 각각의 독립변수에 대하여 구하는 것이 다중회귀분석입니다. 이것을 알면 어느 독립변수가 월세에 어느 정도 영향을 미치는지, 그래서 그들의 결과를 이용하여 아직 알 수 없는 월세를 산출한다고 하는 의사결정문제에 응용하는 것도 가능하게 됩니다. 이것이야말로 월세를 예로 들면 '어쩐지, 저기쯤의 장소라면 이 정도의 월세?'라는 감과 경험을 바탕으로 한 의사결정과 병행하여 객관적으로 회귀분석에서 구한 답을 대비하는 것에 따라 보다 질이 좋은 의사결정으로 유도해가는 도구입니다. 이것도 Excel에서 한 번에 계산할 수 있습니다.

표 5.1에 습도의 변수를 추가한 데이터가 표 5.2입니다. 이것으로 다중회귀분석을 해보십시오. 즉, 우리가 원하는 결과는

$$맥주판매액 = A \times 기온 + B \times 온도 + 정수\ C$$

라는 식의 A와 B 및 정수 C의 값을 데이터에서 산출하는 것이 됩니다.

**표 5.2** 습도, 기온, 맥주판매액 데이터

| 기온(도) | 습도(%) | 맥주판매액(천 원) |
|---|---|---|
| 7.0 | 19 | 1,198 |
| 12.9 | 15 | 2,433 |
| 15.1 | 20 | 3,498 |
| 11.0 | 8 | 2,067 |
| 28.5 | 80 | 6,590 |

**표 5.2** 습도, 기온, 맥주판매액 데이터(계속)

| 기온(도) | 습도(%) | 맥주판매액(천 원) |
|---|---|---|
| 26.2 | 31 | 3,401 |
| 17.4 | 65 | 3,266 |
| 19.3 | 77 | 5,978 |
| 9.0 | 12 | 1,560 |
| 22.2 | 44 | 4,236 |
| 23.4 | 60 | 4,997 |
| 20.4 | 36 | 3,440 |
| 19.9 | 49 | 3,965 |
| 22.0 | 69 | 6,003 |
| 18.8 | 48 | 3,081 |
| 14.2 | 20 | 2,219 |
| 10.5 | 28 | 1,869 |
| 8.7 | 13 | 1,770 |

Excel의 [데이터] 탭의 [데이터 분석] 아이템을 클릭한 후에 그림 5.16과 같이 분석 도구 중에서 [회귀 분석]을 선택하고 [확인] 버튼을 클릭합니다.

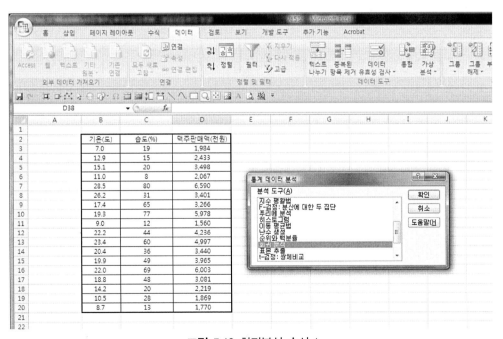

**그림 5.16** 회귀분석 순서 1

그러면 그림 5.17과 같이 '회귀분석' 화면이 표시됩니다. 맥주판매액의 데이터를 $Y$입력 범위로, 기온과 습도 데이터를 $X$입력 범위로 각각 지정합니다. 양쪽 모두 기온, 습도, 맥주판매액의 이름표를 지정한 범위에 포함하고 있으므로 [이름표]에도 체크를 합니다.

[출력 옵션]에서 출력 범위를 지정하고, [잔차]에는 그림 5.17과 같이 [잔차]와 [잔차도]에 체크를 합니다. 잔차에 대해서는 뒤에서 설명합니다. 여기서 [확인] 버튼을 클릭하면 결과를 얻을 수 있습니다.

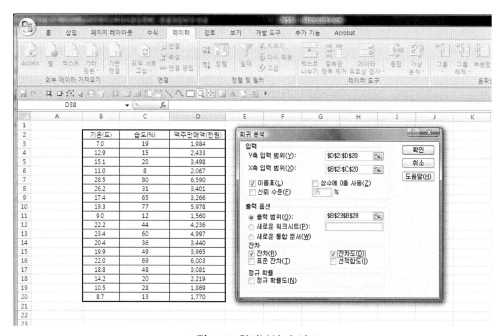

**그림 5.17** 회귀분석 순서 2

그림 5.18이 결과의 일부입니다. 아래에 보는 방법을 순서대로 설명합니다. 표만을 보면 난해한 용어나 숫자가 많아서 어렵다는 느낌이 들 수 있지만, 필요한 포인트만을 골라서 이해하면 결코 어려운 것이 아닙니다. 우선은 그 포인트가 되는 것을 보겠습니다. 그림 5.18 중에 사각형으로 둘러싸인 부분이 확인할 포인트가 됩니다.

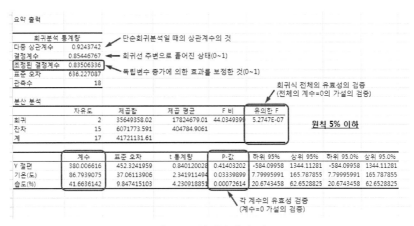

**그림 5.18** 회귀분석 순서 3

## 5.4.1 회귀통계

왼쪽 위의 '회귀분석 통계량' 칸에 있는 '다중 상관계수'가 단순회귀분석에서 2변수의 상관 (관련성) 정도를 나타내는 상관계수라고 부르는 것입니다. 이 상세에 대해서는 제3장에서 이미 설명하였습니다. 2개의 변수에 대한 관련 정도를 나타낸 것으로 −1에서 +1까지의 값을 취한 것입니다. 다음에 설명하는 결정계수나 조정된 결정계수는 여기서는 무시하여도 문제없습니다.

다음에 그 아래의 '결정계수'인데, 이것은 이미 산포도에서 설명한 추세선과 추세식에 의해 데이터가 어느 정도 설명되는 것인가를 나타내는 $R^2$의 값입니다.

$R^2$값은 모델(추세선이나 추세식)에서 설명되는 정도를 나타내고 있습니다. 대략적으로 말하면 '산출된 추세식이 원래 데이터에 대한 해당 상태' 정도로 이해하기 바랍니다. 이하가 $R^2$를 구하는 식이 됩니다. 식만을 보고 감각적으로 알 수 있다면 다행이라고 생각하지만 참고정도로 소개해둡니다.

식 자체를 해설하기 전에 그림 5.18의 '분산 분석'에 있는 '제곱합' 칸을 보면 원래 종속변수인 $Y$는 그 평균을 중심으로 하여 불균형을 이루고 있습니다. 즉, 그 평균에서 추세선으로 계산(설명)된 $Y$값까지의 차이나, 원 데이터인 $Y$값까지의 차이가 있게 됩니다. 왜냐하면 2변수의 경우에 추세선을 보면 알 수 있듯이 회귀분석에서 구한 추세선은 원 데이터 전체를 꼭 따라 가는 것이 아니라(즉, 모든 데이터를 완전하게는 설명할 수 없다) 몇 개의 원 데이터는 추세선에서 구해지는 계산상의 값과의 사이에 차이가 있기 때문입니다. 이들의 폭이 커지는 비율에 따라 추세식이 잘 들어맞고 좋다는 것을 나타낸 것이 $R^2$의 방법입니다.

각각의 의미에 대해서는 아래에 설명합니다(이들의 값을 사용하여 무엇을 할 것인가는 실무상 기본적으로 없어서 여기서는 $R^2$를 설명하는 것만을 목적으로 합니다).

> **회귀 : 회귀제곱합** ‥ 추세식으로 계산된 Y의 값과 Y의 평균에 대한 차이의 제곱합
> $$= \sum \left( \widehat{Y} - \overline{Y} \right)^2$$
> **잔차 : 잔차제곱합** ‥ 원래의 Y데이터와 추세식에서 계산된 Y값 차이의 제곱합
> $$= \sum \left( Y - \widehat{Y} \right)^2$$
> **합계 : 총제곱합** ‥ 원래의 Y데이터와 Y의 평균에 대한 차이의 제곱합
> $$= \sum \left( Y - \overline{Y} \right)^2$$
> \* : 여기서 $Y$ : 원 데이터 $\overline{Y}$ : Y의 평균 $\widehat{Y}$ : 추세식으로 구한 $Y$의 값을 나타낸다.

다시 한 번 개념도로 나타내면 그림 5.19와 같이 됩니다.

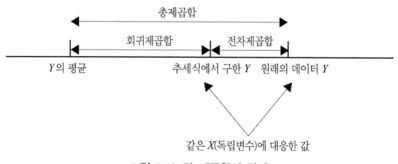

**그림 5.19** 각 제곱합의 관계

$R^2$는 총제곱합, 회귀식(추세식)으로 설명되는 불균형 상태가 어느 정도인지를 나타내는 지표로

$$R^2 = 회귀제곱합 + 총제곱합$$

로 구해집니다. $R^2$가 커진다고 하는 것은 실제의 원 데이터가 추세식(회귀식)의 주변에 분포하고 있는 것을 의미합니다.

그림 5.18의 예에서도 이 관계가 성립되는 것을 확인할 수 있는데 '결정계수' = 회귀제곱합 ÷ 합계 제곱합으로 되어 있습니다.

단, 이 '결정계수'는 자유도(데이터 샘플개수와 변수의 개수에 따라 결정되는 값)의 영향을 받습니다. 간단하게 말하면 데이터샘플이 많으면 많을수록 그 요인만으로 큰 값이 나오기 쉽고(즉, 적합한 정도가 높아진다), 실제의 값보다도 큰 값이 나오기 쉬워집니다. 그 때문에 그 증분의 조정이 필요하게 됩니다. 이 증분을 조정한 값이 '조정된 결정계수'입니다. 따라서 필자는 실무에서 분석결과를 볼 때에는 이 값을 가장 먼저 보고 있습니다.

이들의 값이 얼마 이상이면 좋다고 하는 지표는 없기 때문에 사용하는 목적에 따라서 사용자가 주관적으로 이 기준을 정할 필요는 없지만, 필자의 감각으로 보면 $R^2$가 0.6 이하라면 설득력이 있는 모델이라고 주장하는 것은 어렵고, 적어도 0.7 이상의 수치가 나오지 않으면 구해진 모델을 사용하지는 않습니다. 0.8 이상이 나오면 어느 정도 안심하고 사용하고 있습니다.

여러 가지를 설명하였는데, 결론으로서는 실무상 다중회귀분석을 사용할 때에는 '회귀분석 통계량' 칸 중에서 '결정계수'의 값을 확인하여 모델의 적합한 정도를 확인할 수 있으면 좋지 않을까 필자는 생각하고 있습니다.

## 5.4.2 분산 분석

여기서는 가장 오른쪽에 있는 '유의한 F'라는 값을 보겠습니다. 제4장의 분산 분석에서 이미 설명한 내용과 기본적으로 같습니다. 상세한 것은 'P-값'에서 설명하겠지만, 이것은 '검정'의 통계량에 대한 P-값이 됩니다(상세한 것은 4장을 참조). '만약 구해진 추세식의 모든 항의 계수(이것을 편회귀계수라 합니다 : 그림 5.15의 a, b, c)가 0이라면' 이라는 가설을 부정할 수 있는지 없는지를 판단하기 위한 확률 값을 나타내고 있습니다. 이 가설의 기각여부를 판단하는 기준은 일반적으로 5%나 10%가 사용되고 있습니다. 필자는 보다 엄격한 기준의 5%를 적용하고 있습니다. 이 케이스의 경우는 어떤가요? 그림 5.18에서의 '유의한 F'는 5.2747E-07로 되어 있습니다. E-07이라는 것은 $10^{-7}$을 나타내고 있습니다. 즉, 5.2747E-07이라는 것은 $5.2747 \times 10^{-7}$ 또는 $5.2747 \div 10^7$의 의미입니다. 이 값은 매우 작아 5%(=0.05)를 크게 밑돌고 있습니다. 즉, '편회귀계수가 전부 0이다'라는 가설이 실현될 가능성은 기준치인 5%보다도 작아 이 가설을 기각할 수 있다고 할 수 있습니다. 즉, 계수가 전부 0이 아니기 때문에 이 식의 유의성이 확인되었다고 볼 수 있습니다.

조금 어렵게 기술하였습니다만 이상과 같은 방식으로 실무적으로는 이 '유의성 F'를 먼저 보고 5%(=0.05)보다 작다는 것을 확인할 수 있다면 '계수가 전부 0이다!'라는 것을 통계적으로 부정할 수 있을 때에 모델로서 문제가 없다'라는 결론이 얻어집니다.

다음에 '분산 분석'의 아래쪽 표를 보시기 바랍니다.

가장 왼쪽의 계수는 편회귀계수 및 정수항의 값입니다. 이것들이 가장 필요한 결과입니다. 다음에 가운데에 있는 'P-값'의 칸을 보십시오. 이것과 그 옆의 't 통계량'은 세트로 되어 있으며, 어느 쪽을 봐도 같은 결과가 얻어집니다. 'P-값' 쪽이 알기 쉽기 때문에 이쪽을 보는 것으로 하겠습니다.

우선, 먼저 이해해야 할 것은 회귀분석에 따라 편회귀계수가 각각의 변수에 대하여 산출되지만, 이것은 어디까지나 최적한 '추정치' 밖에 지나지 않습니다. 이것은 분석을 하는 데 있어서 이용한 데이터는 샘플이고 그 크기(샘플의 수)에 대해서도 유한합니다. 이 샘플을 이용하여 완전하고 정확한 값을 산출할 수 있는 것은 아니라는 방식을 근거로 하고 있습니다. '계수' 칸에서 각각의 값은 정확하고 절대적인 값이 아니고 어느 정도의 폭을 가지고 구해진 것입니다. 즉, 만약 이 회귀분석을 어느 모집단에서 선별한 샘플데이터로 하고 있다고 한다면(실제로는 모집단 전부의 데이터를 사용하는 것은 드물기 때문에 많은 케이스가 이것에 해당한다고 생각합니다) 어떤 데이터를 샘플로 할 것인가를 매번 랜덤으로 바꿔 회귀분석을 한다고 한다면, 구해진 '계수'도 어느 정도의 폭으로 차이가 있다는 것을 예상할 수 있습니다. 어느 확률(예를 들면 95%)에서 이들의 폭이 수습될 것인가의 범위를 생각합니다. 만약 이 범위에 0이 포함되어 있다면 '그 편회귀계수는 0일 가능성도 있다'가 되며, 원래 그 독립변수는 종속변수 Y를 설명하는 것은 아니라고(통계적으로) 말할 수 있습니다. 'P-값'은 '이 범위에 0이 포함된다'고 하는 가설의 검정결과이며, 앞의 '유의한 F'와 마찬가지로 5%라는 기준치에 대하여 기각되는지의 여부를 보는 것이 필요합니다. 다른 말로 설명하기 어렵기 때문에 예를 사용하여 확인해보도록 하겠습니다.

**분석전의 일반식** : 맥주판매액 = A × 기온 + B × 온도 + 정수 C
**분석후의 추세식** : 맥주판매액 = 86.8 × 기온 + 41.7 × 온도 + 380.0
(그림 5.18에서)

기온에 관한 결과에 주목하여 보시기 바랍니다.

편회귀계수는 약 86.8로 구해져 있습니다. 다음에 P-값을 보면 약 0.033(3.3%)으로 되어 있습니다. 이것은 앞에서 기술한대로 '기온의 편회귀계수가 0이라는 가설은 5%의 기준에서는 만족할 수 없는 기각 = 계수가 0인 것은 통계적으로 기각할 수 있다'가 됩니다. 즉, 기온이라는 독립변수는 그 계수가 0이 아니기 때문에 적어도 뭔가가 종속변수인 맥주판매액에 영향을 주고 있다는 결론이 됩니다. 같은 것을 다른 시점에서 보도록 하겠습니다. 같은 표의 오른쪽에 '하위 95%', '상위 95%'라는 칸이 있습니다. 이것은 각각의 변수를 다른 샘플로 분석할 때에 편차의 폭을 5% 기준으로 본 경우의 값을 나타내고 있습니다. 앞의 P-값에서 확인한 것처럼 기온에 관해서는 7.80~165.79에 들어가고, 이 중에 0을 포함하지 않는 것을 확인할 수 있습니다. 즉, 같은 결론이 얻어졌습니다. 여기서 눈치를 챈 분도 있을 거라고 생각합니다만, 절편(정수항)에서는 이 검정을 엄밀하게 볼 수 없습니다. 이것은 절편의 폭에 0을 포함하고 있지 않다면 독립변수의 영향에는 직접 관계가 없기 때문입니다. 독립변수마다 이 검정이 필요한 것은 이 독립변수의 편회귀계수가 만약 0일 가능성이 있다면 이 독립변수는 의미 없는 것일지도 모르기 때문입니다(0에 무엇을 곱해도 0입니다). 따라서 이 케이스에서는 기온도 습도도 이 요건을 만족하고 있어 독립변수로서 사용이 가능하게 됩니다.

그러면 만약 어느 독립변수의 P-값이 5%나 10%보다도 크면 어떨까요? 필자는 우선 그 변수를 제외한 모양으로 다시 회귀분석을 해봅니다. 그리고 마찬가지로 결과에 대한 검정을 합니다. 특히 많은 독립변수를 적용하고 있을 때에는 '조정된 결정계수'가 커지게 되는 경우는 독립변수의 조합을 만들어 분석을 하는 것으로 하고 있습니다. 단, 기본적으로는 적은 변수로 정밀도가 높은 결과를 얻는 것이 바람직하다고 말할 수 있는데, 실무에서도 그 노력이나 전하는 상대에 대한 설득력 등을 감안하더라도, 아무거나 변수를 넣는 것보다 간단하고 적은 변수로 모델을 완성시키는 것이 하나의 과제가 아닐까요? 또, 독립변수 사이에 상관관계가 있는 등 흔히 '다중공선성(Multicollinearity)'라 불리는 현상이 일어나 분석결과가 왜곡되는 경우도 있습니다. 예를 들면 상식에 따라 생각하면 편회귀계수는 플러스인 곳에 마이너스의 계수가 산출되는 것이 있습니다. 이 예에서도 기온이 높으면 높을수록 맥주판매는 늘어난다는 상식을 가지고 있는데, 만약에 기온의 계수가 마이너스로 표시되면 '뭔가 이상하다!'고 눈치를 채야 합니다. 이것이 이 책의 처음에 기술한 인간이 하지 않으면 안 되는 작업의 하나이며, 모델의 결과검증인 것입니다. 다중공선성에는 100% 확실한 대책이 없어 회귀분석을 하는 사람의 큰 과제 중의 하나입니다. 계수의 부호(플러스, 마이너스)에 조심하면서 조정된 결정계수, 유의한 F, P-값을 보면서 다양한 변수의 조합을 시도해보는 것이, 실무상 적정한 모델에 다다르기 위한 지름길이라고 생각합니다. 특히 독립변수를 선택할 때에는 서로 강한 상관이 있을 만한 것을 처음부터 가리지 않는 것도 포인트입니다. 예를 들어 필자라면 '키'와 '몸무게'를 동시에 독립변수로 선정하지 않습니다. 왜냐하면 일반적으로는 키가 크면 몸무게도 많이 나간다는 상관이 있을 거라고 생각하기 때문입니다.

### 5.4.3 검증하는 포인트

개별적인 이론에 대하여 길게 설명하였지만, Excel의 회귀분석 결과를 확인하는 포인트는 간단합니다. 마지막으로 분석결과를 보면서 검증하는 포인트를 다시 한 번 정리합니다.

---

**기본적인 확인항목**

① 조정된 결정계수의 값을 확인(0.8 이상인 것이 요망)

② 유의한 F의 값을 확인(0.05 이하일 것)

③ 각 변수의 부호를 확인(상식에 비추어 검증)

　　 … 부호 확인만이 아닌 변수 사이에 큰 상관이 없는 것의 체크도 필요

④ P-값을 각 변수마다 확인(0.05 이하일 것)

---

그러면 산포도를 이용하여 단순회귀분석을 한 맥주판매와 기온의 예를 사용하여 2개의 방식이 같은 결과가 구해지는 것을 확인해보겠습니다.

(1) 산포도에 의한 회귀분석(2변수의 경우만)

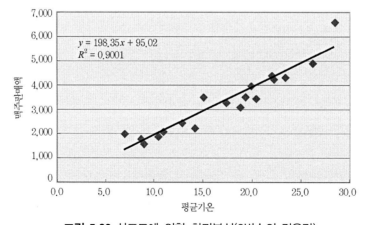

**그림 5.20** 산포도에 의한 회귀분석(2변수의 경우만)

(2) '분석 도구'에 의한 회귀분석

요약 출력

| 회귀분석 통계량 | |
|---|---|
| 다중 상관계수 | 0.94873385 |
| 결정계수 | 0.90009591 |
| 조정된 결정계수 | 0.89385191 |
| 표준 오차 | 430.137488 |
| 관측수 | 18 |

분산 분석

| | 자유도 | 제곱합 | 제곱 평균 | F 비 | 유의한 F |
|---|---|---|---|---|---|
| 회귀 | 1 | 26671050.1 | 26671050.1 | 144.153611 | 2.0416E-09 |
| 잔차 | 16 | 2960292.14 | 185018.259 | | |
| 계 | 17 | 29631342.3 | | | |

| | 계수 | 표준 오차 | t 통계량 | P-값 | 하위 95% | 상위 95% | 하위 95.0% | 상위 95.0% |
|---|---|---|---|---|---|---|---|---|
| Y 절편 | -95.020044 | 299.013214 | -0.3177787 | 0.75476247 | -728.89974 | 538.859648 | -728.89974 | 538.859648 |
| 기온(도) | 198.347017 | 16.5201091 | 12.0063988 | 2.0416E-09 | 163.325951 | 233.368084 | 163.325951 | 233.368084 |

**그림 5.21** '분석 도구'에 의한 회귀분석

(1)과 (2)에서 방식은 다르지만 같은 단순회귀분석을 실시하였습니다. 각각의 편회귀계수 및 결정계수의 값이 같은 것을 확인해보세요.

상기의 기본적인 확인항목에 추가하여 검증해야 할 항목에 대하여 설명합니다. 필자는 실무에서 시간과의 밸런스를 생각하여 매번 아래와 같은 검증을 하고 있는 것은 아닙니다. 정확을 기하기 위해서는 역시 해야 할지도 모릅니다.

= 잔차 검증 =

조금 전으로 거슬러 올라가면 다중회귀분석을 한 화면(그림 5.17)에서 '잔차' 및 '잔차도'에 대하여 설명합니다. 이곳에 체크를 하면 다음과 같은 정보가 자동으로 표시됩니다.

우선 잔차의 특성으로서 그 평균이 0이 된다고 하는 것을 들 수 있습니다. 평균이 0이 된다는 것은 합계도 0일 것입니다. 실제로 그림 5.22의 잔차에 대한 합계를 계산하면 6.14E-12 (즉, $6.14 \times 10^{-12}$)가 되며, 이것은 거의 0으로 봐도 좋은 아주 작은 값인 것을 확인할 수 있습니다.

다음에 잔차에는 등분산성과 독립성이 있습니다. 이것은 잔차의 흩어짐에 어떠한 경향도 없는 것을 나타냅니다. 예를 들어 잔차의 그래프를 보면 X축을 따라서 우측으로 가면서 잔차

잔자 출력

| 관측수 | 예측치 맥주판매액(천원) | 잔차 |
|---|---|---|
| 1 | 1779.172638 | 204.8273615 |
| 2 | 2124.602236 | 308.3977638 |
| 3 | 2523.866904 | 974.1330962 |
| 4 | 1668.048513 | 398.9514874 |
| 5 | 6186.722116 | 403.2778836 |
| 6 | 3945.579034 | -544.5790337 |
| 7 | 4598.35553 | -1332.35553 |
| 8 | 5263.227324 | 714.7726756 |
| 9 | 1661.115154 | -101.1151542 |
| 10 | 4140.030388 | 95.96961203 |
| 11 | 4910.800904 | 86.19909593 |
| 12 | 3650.492441 | -210.4924409 |
| 13 | 4148.722472 | -183.7224716 |
| 14 | 5164.261961 | 838.7380388 |
| 15 | 4011.585559 | -930.5855591 |
| 16 | 2445.752387 | -226.752387 |
| 17 | 2457.923843 | -588.9238426 |
| 18 | 1676.740596 | 93.25940384 |

**그림 5.22** 잔차 출력

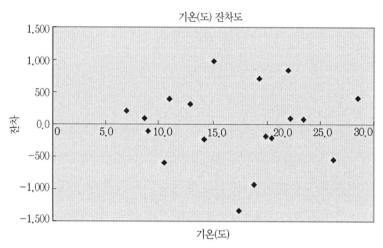

**그림 5.23** 기온 잔차도

가 일정하게 증가 또는 감소하거나, 무엇인가 알 수 없는 주기적인 경향이 있다면 그것에는 데이터 선정에 문제가 있다는 것입니다. 특히 시간적으로 변해가는 독립변수(예를 들면 독립 변수로 매일의 기온이나 주식 등)를 적용하면 그것에는 주기성과 전날의 결과가 오늘의 결과에 영향을 미치고 있다고 할 수 있습니다. 모델로는 설명할 수 없는 요소가 들어가버린 것이됩니다. 이것에 의하여 모델의 정확도가 떨어진다는 것은 옳지 않습니다. 이와 같은 시계열의 케이스에 대한 취급은 다음의 회귀분석 응용에서 소개합니다. 이 예에서는 잔차가 0을 중심으로 알맞게 흩어져 있기 때문에 큰 문제는 없다고 생각해도 좋습니다.

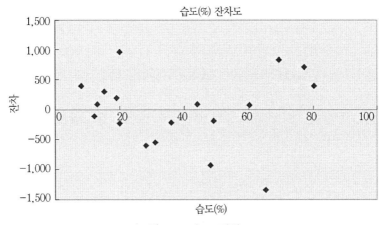

**그림 5.24 습도 잔차도**

마지막으로 벗어난 값에 대한 검증을 하도록 하겠습니다. 벗어난 값이란 어떤 이유에서 다른 데이터와 동떨어진 값을 가진 데이터를 말합니다. 산포도를 보면 다른 점의 집합에서 분명하게 떨어진 곳에 있는 점입니다. 단, 바로 '벗어난 값 = 문제가 있는 데이터'라는 것은 아닙니다. 뭔가 타당한 이유가 있으면 그것은 정당한 데이터의 하나이기 때문입니다. 따라서 그점이 올바른 데이터인지의 판정은 결국 인간이 할 수 없습니다. 단, 이 점을 체계적으로 유출한다는 의미에서(특히 다중회귀분석에서는 산포도를 그리는 것으로 시각적으로 벗어난 점을 발견할 수 없으므로) 다음의 표준화잔차라는 값을 이용하는 방법이 제안되고 있습니다. 표준화잔차는

$$\text{표준화잔차} = \text{잔차} \div \text{표준오차}$$

로 계산되며, 표준오차는 다중회귀분석 결과의 '회귀분석 통계량'에 표시되어 있습니다. 이것을 잔차출력에서 구해진 잔차를 사용하여 계산합니다. 그림 5.25가 그 계산결과입니다. 이것은 계산식을 입력하여 계산하면 간단하게 구할 수 있습니다. 표준화잔차가 대략 2.0 이상이면 벗어난 값으로 주목해도 좋지 않을까요? 물론 분석의 목적이나 성질에 따라서 그 기준을 엄격하게 하거나 느슨하게 하는 것도 가능합니다. 이 예에서도 관측값 7이 2.0을 넘고 있으므로이 데이터를 다시 한 번 확인하여 분석데이터에서 벗어난 이유가 있는지 없는지 검토하고 타당성이 있다면 그대로 사용합니다.

잔차 출력

| 관측수 | 예측치 맥주판매액(천원) | 잔차 | 표준화잔차 |
|---|---|---|---|
| 1 | 1779.172638 | 204.8273615 | 0.321940649 |
| 2 | 2124.602236 | 308.3977638 | 0.484729069 |
| 3 | 2523.866904 | 974.1330962 | 1.531109122 |
| 4 | 1668.048513 | 398.9514874 | 0.627058319 |
| 5 | 6186.722116 | 403.2778836 | 0.6338584 |
| 6 | 3945.579034 | -544.5790337 | -0.855950721 |
| 7 | 4598.35553 | -1332.35553 | -2.094150905 |
| 8 | 5263.227324 | 714.7726756 | 1.123455273 |
| 9 | 1661.115154 | -101.1151542 | -0.158929345 |
| 10 | 4140.030388 | 95.96961203 | 0.150841758 |
| 11 | 4910.800904 | 86.19909593 | 0.135484794 |
| 12 | 3650.492441 | -210.4924409 | -0.330844828 |
| 13 | 4148.722472 | -183.7224716 | -0.288768704 |
| 14 | 5164.261961 | 838.7380388 | 1.318299796 |
| 15 | 4011.585559 | -930.5855591 | -1.462662591 |
| 16 | 2445.752387 | -226.752387 | -0.356401655 |
| 17 | 2457.923843 | -588.9238426 | -0.925650377 |
| 18 | 1676.740596 | 93.25940384 | 0.146581945 |

**그림 5.25** 표준화잔차

이상과 같이 잔차에 관한 체크내용에 대하여 기술하였는데, 실무에서는 구해진 정확성에 따라서 실시하면 된다고 생각합니다.


# 5.5 회귀분석의 응용

여기서는 회귀분석을 이용한 다양한 응용 예를 소개합니다. 다소의 노력에 따라서 실무에 응용 가능한 것이 있을 것으로 생각합니다.

## 5.5.1 표준화계수

앞의 맥주판매와 기온 및 습도의 예를 다시 한 번 보겠습니다. 구해진 결과는 다음 식과 같습니다.

$$맥주판매액 = 86.8 \times 기온 + 41.7 \times 습도 + 380$$

이것은 회귀분석의 결과로서는 좋겠지만, 각기 단위가 다른 기온과 습도는 어느 쪽이 판매에 대하여 보다 영향력이 있다고 말할 수 있습니까? 계수인 86.8과 41.7을 비교하여 86.8이 크기 때문에 기온 쪽이 영향력이 크다고 답하겠습니까? 답은 NO입니다. 이것도 원 데이터인 기온과 습도의 데이터가 얼마만큼의 폭으로 변할 것인가는 물론, 불균형에 의해 이 계수의 의미가 달라지기 때문입니다. 좀 더 말하면 이 불균형이 종속변수인 맥주판매액의 불균형과 비교하여 어느 정도는 관계가 있다는 것입니다. 예를 들면 기온의 데이터가 불균형이 매우 작으면 아무리 그 계수가 커져도 맥주판매액 쪽의 영향이 한정적이 됩니다. 그래서 여기서는 '표준화 회귀계수'라는 것으로 회귀계수를 변환시켜 계수사이에서의 영향력의 크기를 비교할 수 있도록 합니다. 표준화라는 것은 확실히 다른 불균형의 회귀계수를 기준을 통일하여 비교할 수 있도록 하는 것을 의미합니다. 계산식은 다음과 같으며, 앞의 예를 이용한 계산결과는 그림 5.26과 같이 됩니다.

$$표준화\ 회귀계수 = 회귀계수 \times \frac{그\ 독립변수(X)의\ 표준편차}{종속변수(Y)의\ 표준편차}$$

그림 5.26을 보면 회귀계수와 표준화 회귀계수의 대소가 기온과 습도가 역전되어 있는 것을 알 수 있습니다. 표준화 회귀계수에서 비교하면 습도 쪽이 기온보다 맥주판매액의 영향력이 큰 것을 알 수 있습니다. 즉, 의사결정을 할 때에 습도의 움직임에 주목할 필요가 있다고 생각됩니다. 이와 같이 영향력의 차이도 회귀분석은 가려내 줍니다.

### 5.5.2 더미변수

회귀분석에서는 데이터에 조금의 생각을 더하면 그 결과의 정확도를 높일 수 있습니다. 그 하나가 더미변수(dummy variables)를 이용한 응용입니다. 우선 예를 사용하여 그 방식과 효과를 확인해보도록 하겠습니다.

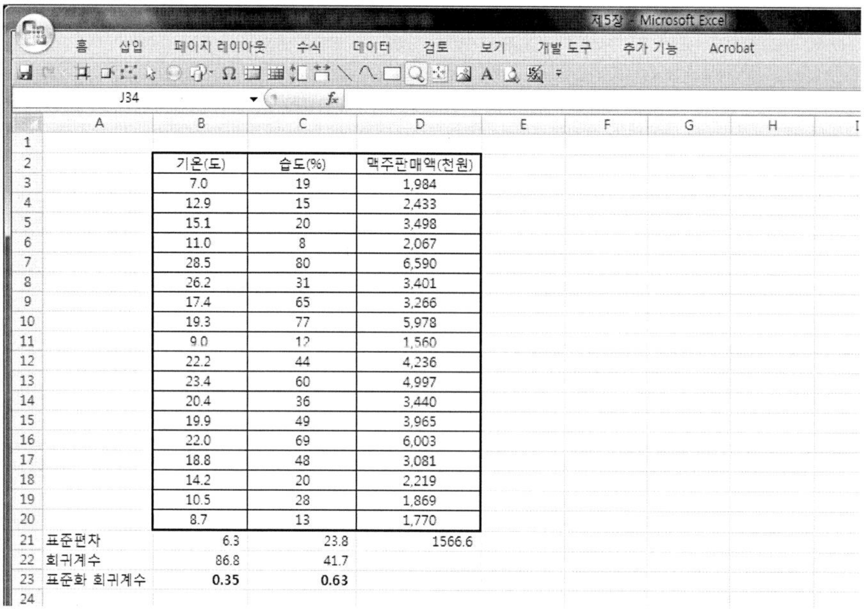

| | 기온(도) | 습도(%) | 맥주판매액(천원) |
|---|---|---|---|
| | 7.0 | 19 | 1,984 |
| | 12.9 | 15 | 2,433 |
| | 15.1 | 20 | 3,498 |
| | 11.0 | 8 | 2,067 |
| | 28.5 | 80 | 6,590 |
| | 26.2 | 31 | 3,401 |
| | 17.4 | 65 | 3,266 |
| | 19.3 | 77 | 5,978 |
| | 9.0 | 12 | 1,560 |
| | 22.2 | 44 | 4,236 |
| | 23.4 | 60 | 4,997 |
| | 20.4 | 36 | 3,440 |
| | 19.9 | 49 | 3,965 |
| | 22.0 | 69 | 6,003 |
| | 18.8 | 48 | 3,081 |
| | 14.2 | 20 | 2,219 |
| | 10.5 | 28 | 1,869 |
| | 8.7 | 13 | 1,770 |
| 표준편차 | 6.3 | 23.8 | 1566.6 |
| 회귀계수 | 86.8 | 41.7 | |
| 표준화 회귀계수 | **0.35** | **0.63** | |

**그림 5.26** 표준화 회귀계수

**표 5.3** 키와 몸무게의 데이터

| 성별 | 키 | 몸무게 | 성별 | 키 | 몸무게 |
|---|---|---|---|---|---|
| 남 | 178 | 79 | 남 | 182 | 91 |
| 여 | 145 | 53 | 여 | 170 | 60 |
| 여 | 159 | 60 | 여 | 158 | 56 |
| 남 | 165 | 66 | 남 | 171 | 69 |
| 여 | 152 | 55 | 남 | 175 | 75 |
| 남 | 167 | 72 | 남 | 173 | 70 |
| 남 | 180 | 84 | 여 | 161 | 61 |
| 남 | 172 | 79 | 여 | 159 | 57 |
| 남 | 169 | 74 | 여 | 155 | 55 |
| 여 | 160 | 54 | 여 | 149 | 58 |
| 남 | 158 | 68 | 여 | 171 | 63 |
| 여 | 154 | 55 | 남 | 176 | 76 |
| 남 | 166 | 76 | 남 | 179 | 82 |

예를 들어 표 5.3과 같은 데이터를 손에 넣었습니다. 키와 몸무게의 관계를 분석할 때에 어떤 분석방법을 생각하고 있습니까? 우선은 키와 몸무게의 정량적인 관계를 산출하기 위하여 산포도→회귀분석 및 Excel의 분석 도구를 사용하는 지금까지의 절차를 밟아 보겠습니다.

그림 5.27과 그림 5.28이 회귀분석의 결과입니다.

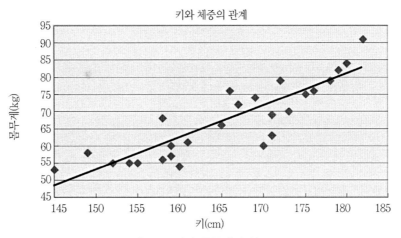

**그림 5.27** 키와 몸무게의 산포도

요약 출력

| 회귀분석 통계량 | |
| --- | --- |
| 다중 상관계수 | 0.87335 |
| 결정계수 | 0.76273 |
| 조정된 결정계수 | 0.75285 |
| 표준 오차 | 5.05082 |
| 관측수 | 26 |

분산 분석

| | 자유도 | 제곱합 | 제곱 평균 | F 비 | 유의한 F |
| --- | --- | --- | --- | --- | --- |
| 회귀 | 1 | 1968.202 | 1968.202 | 77.15170217 | 5.807E-09 |
| 잔차 | 24 | 612.2594 | 25.51081 | | |
| 계 | 25 | 2580.462 | | | |

| | 계수 | 표준 오차 | t 통계량 | P-값 | 하위 95% | 상위 95% | 하위 95.0% | 상위 95.0% |
| --- | --- | --- | --- | --- | --- | --- | --- | --- |
| Y 절편 | 110.536 | 6.339832 | 17.43513 | 3.93378E-15 | 97.451016 | 123.62056 | 97.451016 | 123.62056 |
| 몸무게 | 0.81812 | 0.093141 | 8.783604 | 5.8066E-09 | 0.6258831 | 1.0103521 | 0.6258831 | 1.0103521 |

**그림 5.28** 키와 몸무게의 회귀분석결과

이 경우, 그림 5.28을 보면 '조정된 결정계수', '유의한 F', 'P-값' 모두 큰 문제는 없습니다. 단, 그림 5.27을 보면 그림의 왼쪽 절반과 오른쪽 절반에는 점집합의 기울기 정도에 약간의 차이가 있다는 것을 알 수 있습니다. 오른쪽 절반의 기울기가 왼쪽 절반보다 약간 큰 것같습니다. 데이터의 특징에서 아무래도 일정한 키의 차이에 의한 몸무게에 남녀차가 있는 것으로 추측됩니다. 이와 같이 남녀나 계절(춘하추동)의 경우에 수치데이터에는 없는 정보를 '0', '1'이라는 디지털로 반영할 수 있는 수치 데이터로 변환하여 회귀분석의 정확도를 향상시키는 것이 가능한 경우가 있습니다. 덧붙여서 계절의 경우 '봄'을 00, '여름'을 01, '가을'을

10, '겨울'을 11과 같이 표현할 수 있습니다. 따라서 이 예에서 남녀라는 요소를 0과 1의 더미변수로 바꿔 독립변수로 반영합니다.

표 5.4 남자와 여자를 더미변수로 치환한 표

| 성별 | 더미 | 키 | 몸무게 | 성별 | 더미 | 키 | 몸무게 |
|---|---|---|---|---|---|---|---|
| 남 | 1 | 178 | 79 | 여 | 0 | 145 | 53 |
| 남 | 1 | 165 | 66 | 여 | 0 | 159 | 60 |
| 남 | 1 | 167 | 72 | 여 | 0 | 152 | 55 |
| 남 | 1 | 180 | 84 | 여 | 0 | 160 | 54 |
| 남 | 1 | 172 | 79 | 여 | 0 | 154 | 55 |
| 남 | 1 | 169 | 74 | 여 | 0 | 170 | 60 |
| 남 | 1 | 158 | 68 | 여 | 0 | 158 | 56 |
| 남 | 1 | 166 | 76 | 여 | 0 | 161 | 61 |
| 남 | 1 | 182 | 91 | 여 | 0 | 159 | 57 |
| 남 | 1 | 171 | 69 | 여 | 0 | 155 | 55 |
| 남 | 1 | 175 | 75 | 여 | 0 | 149 | 58 |
| 남 | 1 | 173 | 70 | 여 | 0 | 171 | 63 |

여기서는 회귀분석 결과에 대한 식을 아래와 같이 가정해봅니다.

$$몸무게 = a \times 키 + 절편 + b \times D$$
$$= a \times 키 + \{\underbrace{절편 + b \times D}\}$$
$$D의\ 값에\ 의하여\ 변하는\ 절편$$

여기서, $D$ : 더미변수(1 또는 0)

$a, b$ : 편회귀계수

즉, 더미변수인 $D$(남자는 '1', 여자는 '0')가 절편에 대하여 성별에 따라 정수가 곱해지거나(남자는 $b \times 1$), 곱해지지 않거나(여자는 $b \times 0$) 합니다. 기울기는 남자도 여자도 같은 $a$가 됩니다.

이 데이터로 회귀분석을 실시한 결과가 그림 5.29 및 5.30입니다. 그림 5.29에서 ▲는 여자를, ◆는 남자를 나타내고 있습니다. 각각에 대하여 추세선을 그려보면 남녀 각각의 특징이 보다 명확하게 나타나고 있는 것을 확인할 수 있습니다. 이와 같을 때, 남녀 구분 없이 함께 분석할 때와 비교하여 보다 상세한 분석이 가능해지며, 결과적으로 정확도가 향상될 수 있습니다.

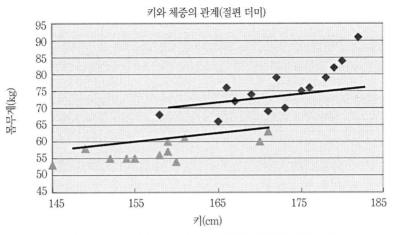

**그림 5.29** 더미변수를 절편으로 이용한 분석결과(산포도)

요약 출력

| 회귀분석 통계량 | |
|---|---|
| 다중 상관계수 | 0.938328 |
| 결정계수 | 0.880459 |
| 조정된 결정계수 | 0.870064 |
| 표준 오차 | 3.909432 |
| 관측수 | 26 |

분산 분석

| | 자유도 | 제곱합 | 제곱 평균 | F 비 | 유의한 F |
|---|---|---|---|---|---|
| 회귀 | 2 | 2589.091 | 1294.546 | 84.70128 | 2.46E-11 |
| 잔차 | 23 | 351.5242 | 15.28366 | | |
| 계 | 25 | 2940.615 | | | |

| | 계수 | 표준 오차 | t 통계량 | P-값 | 하위 95% | 상위 95% | 하위 95.0% | 상위 95.0% |
|---|---|---|---|---|---|---|---|---|
| Y 절편 | -29.2119 | 17.63064 | -1.65688 | 0.111123 | -65.6837 | 7.259848 | -65.6837 | 7.259848 |
| 키 | 0.548095 | 0.111534 | 4.914149 | 5.77E-05 | 0.317369 | 0.77882 | 0.317369 | 0.77882 |
| 더미 | 10.60792 | 2.228886 | 4.759291 | 8.48E-05 | 5.997116 | 15.21872 | 5.997116 | 15.21872 |

**그림 5.30** 더미변수를 절편으로 이용한 분석결과

그림 5.30에 나타낸 결과를 그림 5.28의 결과와 비교해보면 '조정된 결정계수'가 향상되어 있는 것을 알 수 있습니다. 즉, 잘 들어맞고 개선되어 있습니다. 그림 5.30의 결과를 식으로 나타내면 다음과 같이 됩니다.

몸무게＝0.55×키＋10.61×더미(1 또는 0)－29.21

지금까지는 절편에 더미변수를 이용하였지만, 기울기를 이용하는 것도 가능한지를 확인해 봅시다. 이 경우에 일반식은 다음과 같이 됩니다.

몸무게 $= (a+b+D) \times$ 키 $+$ 절편

여기서,　　$D$ : 더미변수(1 또는 0)

　　　　　$a, \ b$ : 편회귀계수

더미변수에 의하여 남자면 기울기가 $(a + b)$가 되고, 여자면 $a$가 됩니다. 단, 이 경우에 절편은 남녀 공통이 된다고 하는 제약이 있습니다.

위의 식은 몸무게 $= a \times$ 키 $+ b \times D \times$ 키 $+$ 절편

으로 분해되므로 '키' '$D \times$ 키' 2개를 독립변수로 하여 회귀분석을 하면, 각각의 편회귀변수 $a$ 및 $b$를 같은 순서로 구하면 된다는 것을 알 수 있습니다. 이 분석을 한 것이 그림 5.31, 그림 5.32가 됩니다.

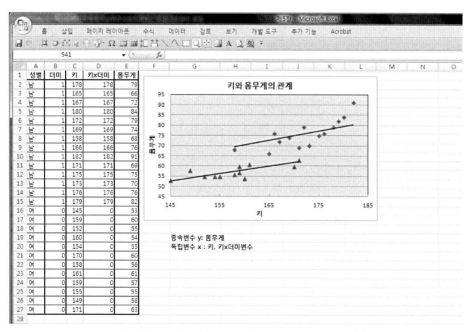

**그림 5.31** 더미변수를 기울기로 이용한 회귀분석결과 (1)

요약 출력

| 회귀분석 통계량 | |
|---|---|
| 다중 상관계수 | 0.941787 |
| 결정계수 | 0.886962 |
| 조정된 결정계수 | 0.877133 |
| 표준 오차 | 3.801601 |
| 관측수 | 26 |

분산 분석

| | 자유도 | 제곱합 | 제곱 평균 | F 비 | 유의한 F |
|---|---|---|---|---|---|
| 회귀 | 2 | 2608.216 | 1304.108 | 90.23614 | 1.29E-11 |
| 잔차 | 23 | 332.3999 | 14.45217 | | |
| 계 | 25 | 2940.615 | | | |

| | 계수 | 표준 오차 | t 통계량 | P-값 | 하위 95% | 상위 95% | 하위 95.0% | 상위 95.0% |
|---|---|---|---|---|---|---|---|---|
| Y 절편 | -22.7537 | 17.82794 | -1.2763 | 0.214589 | -59.6336 | 14.12618 | -59.6336 | 14.12618 |
| 키 | 0.506718 | 0.112987 | 4.484752 | 0.000168 | 0.272987 | 0.740448 | 0.272987 | 0.740448 |
| 키x더미 | 0.065817 | 0.013091 | 5.027657 | 4.36E-05 | 0.038736 | 0.092897 | 0.038736 | 0.092897 |

**그림 5.32** 더미변수를 기울기로 이용한 회귀분석결과 (2)

‘조정된 결정계수’가 0.877을 나타내고 있는데, 앞의 더미변수를 절편으로 이용한 예와 마찬가지로 모델의 들어맞는 것이 향상되어 있는 것을 알 수 있습니다.

그러면 위에서 다룬 더미변수를 절편 및 기울기에 대하여 이용한 예를 하나로 정리할 수 있겠습니까? 물론 양쪽의 방식을 하나로 하여 동시에 회귀분석을 하는 것이 가능합니다. 그 결과로서 들어맞는 정도를 나타내는 ‘조정된 결정계수’는 보다 향상되는 것을 기대할 수 있습니다(앞의 2개의 예에서는 남녀의 절편은 바뀌어도 기울기는 공유하고 있다거나, 기울기는 바뀌어도 절편은 공유하고 있다고 하는 제약이 있기 때문입니다).

자, 이번의 독립변수는 ‘더미변수’, ‘키’, ‘키×더미변수’가 됩니다. 즉, 회귀식은 다음과 같이 됩니다.

$$몸무게 = (a \times b \times D_1) \times 키 + 절편 + c \times D_2$$
$$= a \times 키 + b \times D_1 \times 키 + c \times D_2 + 절편$$

여기서, $D_1$, $D_2$ : 더미변수(1 또는 0)

    $a$, $b$, $c$ : 편회귀계수

회귀분석의 결과는 그림 5.33 및 그림 5.34와 같이 됩니다.

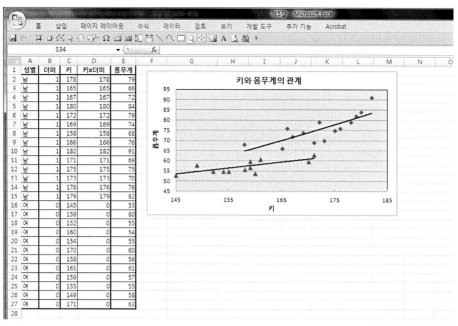

**그림 5.33** 더미변수를 기울기와 절편으로 이용한 회귀분석결과

요약 출력

| 회귀분석 통계량 | |
| --- | --- |
| 다중 상관계수 | 0.952794 |
| 결정계수 | 0.907816 |
| 조정된 결정계수 | 0.895245 |
| 표준 오차 | 3.510237 |
| 관측수 | 26 |

분산 분석

| | 자유도 | 제곱합 | 제곱 평균 | F 비 | 유의한 F |
| --- | --- | --- | --- | --- | --- |
| 회귀 | 3 | 2669.537 | 889.8455 | 72.21739 | 1.51E-11 |
| 잔차 | 22 | 271.0788 | 12.32176 | | |
| 계 | 25 | 2940.615 | | | |

| | 계수 | 표준 오차 | t 통계량 | P-값 | 하위 95% | 상위 95% | 하위 95.0% | 상위 95.0% |
| --- | --- | --- | --- | --- | --- | --- | --- | --- |
| Y 절편 | 9.609871 | 21.94189 | 0.437969 | 0.665679 | -35.8948 | 55.11456 | -35.8948 | 55.11456 |
| 더미 | -74.0335 | 33.18636 | -2.23084 | 0.036206 | -142.858 | -5.20916 | -142.858 | -5.20916 |
| 키 | 0.301998 | 0.138944 | 2.173515 | 0.040783 | 0.013845 | 0.590151 | 0.013845 | 0.590151 |
| 키x더미 | 0.512158 | 0.200443 | 2.555137 | 0.018048 | 0.096466 | 0.927851 | 0.096466 | 0.927851 |

**그림 5.34** 더미변수를 기울기와 절편으로 이용한 회귀분석결과

그림 5.34의 결과에서 다음과 같은 회귀식이 구해졌습니다.

$$몸무게 = (0.30 + 0.51 \times D_1) \times 키 + 9.61 - 74.03 \times D_2$$

즉, 남자는 여자의 경우에 비하여 기울기가 0.51 늘어났으며, 절편이 74.03 줄어든 특징을 알 수 있습니다. 또, '수정된 결정계수'에서는 0.895로 산출되었으며, 이 예에서는 개선되었다는 것을 알 수 있습니다.

### 5.5.3 재고분석 예

이것은 회귀분석의 응용에서는 매우 특수한 예라고 생각됩니다. 분석결과를 무엇의 예측에 사용한다거나, 추세식(회귀식)을 분석하는 것은 아니기 때문입니다.

필자가 실무에 사용한 실제의 예를 보겠습니다. 표 5.5는 같은 판매점에서 판매되고 있는 제품의 재고상황과 판매상황을 나타낸 것입니다. 제품별 재고수준을 될 수 있으면 균일화하여 기복이 없는 영업을 하려고 합니다. 재고수준의 균일화라는 것은 반드시 재고의 절대개수를 제품별로 같게 하려고 하는 것은 아니고 월평균 판매개수에 대한 비율로서 균등한 재고를 유지하는 것을 가리킵니다. 여기에서는 재고 밸런스가 나쁜 제품을 색출하여, 이들의 제품에 대하여 공급체인(supply chain) 시책에 대한 의사결정을 할 때의 도구가 됩니다. 다음의 표가 제품별 월평균 판매개수 및 재고개수를 나타내고 있습니다.

**표 5.5 제품별 월평균 판매개수 및 재고개수**

| 제품 | A | B | C | D | E | F | G | H | I | J |
|---|---|---|---|---|---|---|---|---|---|---|
| 월평균 판매개수 | 57 | 60 | 149 | 52 | 20 | 57 | 158 | 20 | 17 | 7 |
| 재고개수 | 279 | 542 | 337 | 176 | 32 | 276 | 778 | 40 | 100 | 26 |

이것을 산포도로 그려 회귀분석을 한 결과가 그림 5.35입니다.

그림 5.35의 추세선은 재고와 월평균 판매개수의 균형이 제품사이에서 가장 균일화되어 있는 선을 나타낸 것이 됩니다. 왜 그런가 하면 추세선은 각각의 데이터 점에서의 잔차 합계가 최소가 되는 조건에서 산출되기 때문입니다.

언뜻 보더라도 이 선을 벗어난 점(제품)이 어떤 것인지 알 수 있습니다. 예를 들면 그림 중에 제품B는 이 선보다도 왼쪽에 위치해 있습니다. 이것은 월평균 판매개수에 대하여 재고가 과다한 것을 나타내고 있습니다. 왜 그런가 하면 이 판매개수에 대하여 다른 제품과 같은 수준의 재고개수이면 추세선에 그려져야 할 곳이 그것보다도 위, 즉 많은 재고를 포함하고

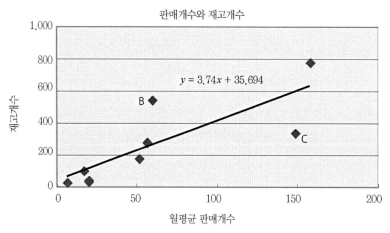

**그림 5.35** 판매개수와 재고개수의 관계

있기 때문입니다. 한편, 그림 중에 제품C는 이 선보다도 오른쪽에 있어, 다른 제품에 비하여 월 판매개수에 대하여 재고가 부족한 경향이 있다는 것을 나타내고 있습니다. 이것만으로도 재고수준이 언밸런스한 것을 시각적으로 알 수 있습니다.

단, 비즈니스의 시점에서 이것이 반드시 최적재고수준이라는 것은 아닙니다. 여기서는 추세선이 '$y = 3.74x + 34.98$'로 되어 있어, 추세선상에서는 평균판매개수와 재고개수가 1 : 3.74의 관계인 것을 나타내고 있습니다. 여기서 만약에 비즈니스 차원에서 최적의 재고수준이 가령 판매평균에 대하여 2개월분인 것을 알 수 있다고 한다면 그림 5.36과 같이 $y = 2x$의 선을 그려 생각할 수 있습니다. 그림을 보면 알 수 있듯이 적정재고수준인 $y = 2x$보다도 현재의 재고상황으로부터 계산되는 추세선은 왼쪽 위에 있는 것을 알 수 있습니다. 이것은 전체로 보면 적정재고에 비하여 재고가 과다인 것을 나타내고 있습니다.

이 예에서는 제품의 종류도 적고, 일부러 산포도를 그리거나 회귀분석을 할 필요도 없이 재고상황이 어느 정도인지 알 수 있는 데이터였습니다. 그러나 만약에 제품의 종류가 대단히 많고, 짧은 시간에 시각적으로 재고의 경향을 알고 싶을 때에는 이 도구가 위력을 발휘합니다. 다양한 예를 시험 삼아 해보시기 바랍니다.

### 5.5.4 수량화정리I류

지금부터는 다중회귀분석을 이용한 응용의 하나인 수량화정리I류를 설명합니다. 이름만을 보면 어렵다는 인상을 받기 쉽지만, 순서는 지금까지 본 다중회귀분석과 같습니다.

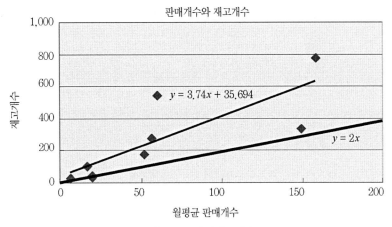

**그림 5.36** 적정재고개수

표 5.6을 보겠습니다. 어느 제품의 판매실적 데이터입니다. 지금까지와 다른 것은 종속변수인 판매대수 외에는 수치정보가 없고 '적합할까/적합하지 않을까'라는 질문 정보뿐입니다. 여기서는 봄~겨울의 '계절', '가격인하의 실시/비실시', '이벤트의 실시/비실시' 및 '바캉스 기간인가/아닌가'의 크게 4개의 카테고리가 설명요소로 되어 있습니다. 여기에서는 각각의 카테고리가 판매대수에 어느 정도 영향을 주고 있는 것을 알고 장래의 의사결정에 연결할 것인가를 목적으로 하고 있습니다. 즉, 가격을 인하하면 판매대수가 몇 대나 늘어나며, 계절에 따라 몇 대의 판매영향이 있을 것인가의 정량정보를 산출합니다.

물론 '날씨(맑음/비/구름 등)'나 '요일(평일/토요일/일요일 등)'이라는 다른 카테고리도 마찬가지로 고려하여 응용할 수 있습니다.

**표 5.6** 판매실적데이터

| 판매대수 | 봄 | 여름 | 가을 | 겨울 | 가격인하 | 이벤트 | 바캉스 |
|---|---|---|---|---|---|---|---|
| 250 | ○ | | | | ○ | | |
| 225 | ○ | | | | | ○ | |
| 150 | | ○ | | | | | ○ |
| 175 | | ○ | | | | | |
| 188 | | ○ | | | ○ | | |
| 200 | | | ○ | | | | |
| 235 | | | ○ | | | ○ | |
| 350 | | | | ○ | ○ | ○ | |
| 300 | | | | ○ | | ○ | |
| 260 | | | | ○ | | | |

우선은 ○ 그대로는 Excel에서 회귀분석을 할 수 없으므로 이것을 디지털(0과 1) 정보로 치환합니다. 여기서 중요한 것은 이 예에서 계절과 같이 하나의 카테고리 내에 복수의 요소 (이 경우는 봄, 여름, 가을, 겨울의 4요소)가 있는 경우, 그 어느 것인가 하나를 뺄 수 있다는 것입니다. 표 5.7에서도 알 수 있듯이 '겨울'을 버려도 '봄', '여름', '가을'을 전부 0으로 하여 '겨울'을 나타낼 수 있기 때문입니다. 이와 같이 카테고리 내의 요소가 몇 개가 있으면 하나의 요소를 버린다는 것을 잊지 않도록 합니다.

**표 5.7** 0, 1 정보로 치환

| 판매대수 | 봄 | 여름 | 가을 | 가격인하 | 이벤트 | 바캉스 |
|:---:|:---:|:---:|:---:|:---:|:---:|:---:|
| 250 | 1 | 0 | 0 | 1 | 0 | 0 |
| 225 | 1 | 0 | 0 | 0 | 1 | 0 |
| 150 | 0 | 1 | 0 | 0 | 0 | 1 |
| 175 | 0 | 1 | 0 | 0 | 0 | 0 |
| 188 | 0 | 1 | 0 | 1 | 0 | 0 |
| 200 | 0 | 0 | 1 | 0 | 0 | 0 |
| 235 | 0 | 0 | 1 | 0 | 1 | 0 |
| 350 | 0 | 0 | 0 | 1 | 1 | 0 |
| 300 | 0 | 0 | 0 | 0 | 1 | 0 |
| 260 | 0 | 0 | 0 | 0 | 0 | 0 |

표 5.7의 정보를 사용하여 회귀분석을 하도록 하겠습니다. 순서는 지금까지의 다중회귀분석과 전부 같습니다. 판매대수를 종속변수로, 다른 것을 독립변수로 하여 분석합니다. 이 예에서는 결과적으로 '수정된 결정계수'가 크게 구해졌으며, 바캉스 이외의 독립변수에 대해서는 적정한 'P-값'이 구해져 있습니다. 단, 독립변수를 '0'과 '1' 만으로 변환하여 실시한 수량화정리I류에서는 원래 데이터가 수량데이터일 때와 같이 정밀하게 구하면 반드시 조건을 만족하는 결과가 얻어지는 것은 아닙니다(독립변수를 0, 1로 지극히 단순화하고 있기 때문입니다). 따라서 필자의 경우에 실무에서는 어느 정도  적합하지 않아도 눈을 감고 각 변수의 P-값 기준치를 느슨하게 하고 있습니다. 그래서 최종결과를 읽을 때에도 각각의 회귀계수에 그 정도의 엄밀성은 없다고 하는 전제로 보고 있습니다. 목적에 따라서는 이것으로 충분한 점이 많다고 생각하고 있습니다(학술적으로 이용할 때는 괜찮지 않을까요?). 그림 5.37은 회귀분석의 결과를 나타낸 것입니다.

요약 출력

| 회귀분석 통계량 | |
| --- | --- |
| 다중 상관: | 0.9898 |
| 결정계수 | 0.979705 |
| 조정된 결? | 0.939115 |
| 표준 오차 | 14.8574 |
| 관측수 | 10 |

분산 분석

| | 자유도 | 제곱합 | 제곱 평균 | F 비 | 유의한 F |
| --- | --- | --- | --- | --- | --- |
| 회귀 | 6 | 31967.87 | 5327.979 | 24.13663 | 0.0123433 |
| 잔차 | 3 | 662.2273 | 220.7424 | | |
| 계 | 9 | 32630.1 | | | |

| | 계수 | 표준 오차 | t 통계량 | P-값 | 하위 95% | 상위 95% | 하위 95.0% | 상위 95.0% |
| --- | --- | --- | --- | --- | --- | --- | --- | --- |
| Y 절편 | 266.9091 | 12.40366 | 21.51858 | 0.00022 | 227.43511 | 306.38307 | 227.43511 | 306.38307 |
| 봄 | -67.4091 | 13.80729 | -4.88214 | 0.01643 | -111.35 | -23.46814 | -111.35 | -23.46814 |
| 여름 | -106.773 | 15.62544 | -6.83326 | 0.006413 | -156.4999 | -57.04559 | -156.4999 | -57.04559 |
| 가을 | -66.0455 | 14.28354 | -4.62389 | 0.019044 | -111.5021 | -20.58886 | -111.5021 | -20.58886 |
| 가격인하 | 42.72727 | 11.56647 | 3.694063 | 0.034419 | 5.9175949 | 79.536951 | 5.9175949 | 79.536951 |
| 이벤트 | 33.27273 | 11.56647 | 2.876653 | 0.063703 | -3.536951 | 70.082405 | -3.536951 | 70.082405 |
| 바캉스 | -10.1364 | 19.09344 | -0.53088 | 0.63229 | -70.90021 | 50.627485 | -70.90021 | 50.627485 |

**그림 5.37** 표 5.7의 정보를 사용한 회귀분석결과

여기서 구해진 결과를 식으로 표현하면 다음 식과 같이 됩니다. 어느 계절도 겨울보다는 판매가 떨어지고 있습니다. 계절에 관해서는 분석 시에 제외한 '겨울'이 기점이 되어 거기에서의 증감을 계수로 하여 '봄', '여름', '가을'에 대하여 구해지고 있습니다. 그 밖의 카테고리에서는 마지막 항에 표시되어 있습니다. 예를 들면 여름에 가격인하만을 하였을 때의 판매대수의 예측은 203대(=267−107+43)가 됩니다. 이와 같이 해보면 각각의 요소가 정량적으로 어느 정도 판매대수에 영향을 미치고 있는 것인지를 일목요연하게 볼 수 있습니다.

$$\text{판매대수} = 267 + \begin{cases} -67(봄) \\ -107(여름) \\ -66(가을) \\ 0(겨울) \end{cases} + \begin{cases} +43(가격인하) \\ +33(이벤트) \\ -10(바캉스) \end{cases}$$

표 5.8은 위에서 구해진 식으로 계산한 값이 각각의 판매대수에 대하여 어느 정도 가까운지를 나타낸 것입니다. 실제의 '판매대수'와 회귀분석에 의해 구해진 '계산치'가 그 나름대로 가까운 것을 알 수 있다고 생각합니다.

표 5.8 계산치와의 비교

| 판매대수 | 봄 | 여름 | 가을 | 가격인하 | 이벤트 | 바캉스 | 계산치 | 잔차 |
|---|---|---|---|---|---|---|---|---|
| 250 | 1 | 0 | 0 | 1 | 0 | 0 | 243 | −7 |
| 225 | 1 | 0 | 0 | 0 | 1 | 0 | 233 | 8 |
| 150 | 0 | 1 | 0 | 0 | 0 | 1 | 150 | 0 |
| 175 | 0 | 1 | 0 | 0 | 0 | 0 | 160 | −15 |
| 188 | 0 | 1 | 0 | 1 | 0 | 0 | 203 | 15 |
| 200 | 0 | 0 | 1 | 0 | 0 | 0 | 201 | 1 |
| 235 | 0 | 0 | 1 | 0 | 1 | 0 | 234 | −1 |
| 350 | 0 | 0 | 0 | 1 | 1 | 0 | 343 | −7 |
| 300 | 0 | 0 | 0 | 0 | 1 | 0 | 300 | 0 |
| 260 | 0 | 0 | 0 | 0 | 0 | 0 | 267 | 7 |

이상과 같이 구해진 결과와 함께 장래의 판매시책 내용과 타이밍에 관한 의사결정을 할 수 있습니다. 만약 예산에 제한이 있어 타이밍과 판매시책 내용을 1개씩 선택해야 한다면 상기 결과에서는 겨울에 가격인하를 하는 것이 종합적으로 가장 큰 효과를 얻을 수 있다는 것을 판독할 수 있습니다. 게다가 그 결과의 정도를 구체적인 수치로 파악할 수 있다는 것입니다.

마지막으로 모델에 포함된 독립변수의 조합에 대하여 설명합니다. 상기에서는 우선 모든 독립변수를 포함한 결과를 보았지만, 회귀분석 결과를 보면 바캉스의 P−값에서 너무 큰 결과가 구해져 있습니다. 일반적인 회귀분석에서 이렇게 큰 P−값에서는 변수로 적용하는 것을 다시 검토해야 합니다. 이 예에서는 포함시켜야 할까요? 아니면 다른 최적의 변수조합이 있을까요? 하나의 판단 기준으로서 이와 같이 큰 P−값은 제외하고 다시 분석을 하는 것이 간단하다고 말할 수 있습니다. 또 한편에서는 다음과 같은 선정방법도 제안되고 있습니다(출처 : '데이터마이닝 사례집(データマイニング事例集)', P.17, 上田太一郎, 共立出版).

다음과 같은 계산식의 값을 판정치로 하고 변수의 조합별로 계산하여, 가장 큰 판정치를 가진 조합을 적용하는 방법입니다.

$$판정치 = 1 - \left(1 - R^2\right) \times \frac{(\text{데이터 개수} + \text{변수의 개수} + 1)}{(\text{데이터 개수} - \text{변수의 개수} - 1)}$$

예를 들면 모든 변수를 포함한 경우는(데이터 개수는 10 데이터, 변수는 계절 3+가격인하 1+이벤트 1+바캉스 1로 6 변수가 됩니다.)

$$1-\left(1-0.98^2\right)\times\frac{(10+6+1)}{(10-6-1)}=0.78$$

이 됩니다. 아래에 같은 순서로 조합별 회귀분석을 하여 $R^2$를 구해, 판정치를 구합니다.

**표 5.9** 판정치

| 계절 | 가격인하 | 이벤트 | 바캉스 | 판정치 |
|:---:|:---:|:---:|:---:|:---:|
| ○ | ○ | ○ | ○ | 0.78 |
|  | ○ | ○ | ○ | −0.47 |
| ○ | ○ | ○ |  | 0.84 |
| ○ | ○ |  |  | 0.54 |
| ○ |  |  |  | 0.24 |
| ○ |  | ○ |  | 0.32 |
| ○ |  |  | ○ | 0.12 |

이 결과를 보면 회귀분석결과의 P−값이 나타내는 것처럼 아무래도 바캉스는 변수에서 빼는 것이 좋은 것 같습니다. 바캉스의 영향은 다른 변수에 비하여 판매대수에 대한 영향도(설명도)가 낮다고 할 수 있습니다.

# 06

# 최적화문제(선형계획법)

이 장에서는 선형계획법이라 불리는 방법에 대하여 알아봅니다. 의사결정에는 그 전제가 되는 다양한 제약조건이 있습니다. 그 제약 중에서 어떤 방법으로 목적에 맞는 최적해를 선택할 것인가의 과제를 빠르게 산출하는 기능이 Excel에 내장되어 있습니다. 간단하면서도 응용범위가 넓은 선형계획법의 뛰어남을 다양한 응용 예를 통하여 실감할 수 있다고 생각합니다.

# 최적화문제(선형계획법)

## 6.1 최적화문제란

　여기서 소개하는 것은 선형계획법(Linear Programming) 이라는 방식에 기초를 둔 모델입니다. 이것도 미국의 Emory대학원의 비즈니스스쿨에서 선택과목의 하나로 인기가 많은 'Decision Modeling'이라는 수업에서 다루고 있습니다. 다른 도구에 비하여 압도적으로 응용범위가 넓어 3개월간의 강의 전부가 이 선형계획법을 사용한 최적화문제에 관한 것이었습니다.

　선형계획법이라는 말을 들으면 어쩐지 어려울 것 같은 느낌이 들기 쉽지만, 실제로는 Excel에서의 조작이 매우 간단하여 회귀분석과 같은 결과의 해석(물론 올바른 방식으로 계산이나 설정의 실수가 없는 것을 전제로 하여)이나 그 배경인 이론이 그렇게 어렵지 않아 중학교 수학수준의 지식으로 이해할 수 있기 때문에 필자도 일상적으로 실무에 사용하고 있습니다. 또한 필자의 사내 강의에서의 경험에서도 최적화문제가 가장 수강자를 놀라게 하고(특히 'Excel에서 이런 것까지 할 수 있는가!'라는 의미에서) 당장이라도 실무에서 사용할 수 있다는 반응이 가장 많았던 내용입니다.

　그러면 이 최적화문제란 도대체 왜! 무엇을 할 수 있는지에 대하여 설명드리겠습니다. 예를 들면 '가격'과 '칼로리', '그램 수'가 표시된 여러 종류의 식품이 있다고 합시다. 당신에게는 한정된 예산이 있고, 다이어트 중이어서 먹을 수 있는 총칼로리도 제한되어 있습니다. 그러나 배가 고프기 때문에 예산과 칼로리 조건 중에서, 가능한 총 그램 수는 많이 취하고 싶어!라는 상황에 놓였을 경우, 수시로 어떤 식품을 얼마나 고르면 되는지 보여줍니다. '이러한 단순한 모델이 비즈니스의 실무에 어떻게 사용되고 있는가?'라고 생각할 수 있는데, 이렇게 단순하기 때문에 응용범위가 넓습니다. 다양한 응용 예에서는 순서대로 소개하겠습니다. 이것을 좀 더 일반적으로 표현해보면

> "복잡한 제약조건(앞의 예에서는 예산과 칼로리) 중에서 목적(앞의 예에서는 총 그램 수)을 최적화하기 위한 도구"

라고 말할 수 있습니다. 여기서 말하는 '제약조건'은 다음과 같은 것을 열거할 수 있습니다.

- 대소 관계(예 : A > 30, A < B 등)
- 등가 관계(예 : A = 30, A = B 등)
- 정수
- 2진수(바이너리) : 0 또는 1

실제로 실 예를 보지 않는다면 좀처럼 이해가 안 갈지도 모릅니다. 다만, 무엇보다도 주의해야 할 점은 '조직이 간단하게 다루기 쉽기 때문에 모델설계 시의 자유도도 크고, 모델의 설계자체는 사람에 의지하는 바가 크다'라는 것입니다. 올바른 전제를 두는 것과, 적절한 변수를 정의하는 등 지금 자신이 직면하고 있는 의사결정 문제를 정확하게 모델에 넣는 작업은 익숙해질 때까지 어렵게 느낄지도 모릅니다. 실제로 해보면 다른 사람이 보여주는 모델이 쉽게 보여도 막상 문제를 눈앞에 두고 자신이 모델링하는 것이 얼마나 어려운지 실감하게 됩니다. 하지만 필자는 이것을 퍼즐처럼 즐기는 버릇이 생겨 스스로 작성한 모델에 의하여 답이 나올 때의 감동을 잊지 못합니다.


## 6.2 최적화문제의 방법

최적화문제의 구조를 이해하기 위해서는 우선 중학교 수학수준의 부등식을 사용하여 예제를 풀어보도록 하겠습니다.

**[예제 1]**

당신은 자동차회사의 생산관리부문의 매니저입니다. 생산에 관한 다양한 제약조건을 받으면서도 가장 큰 이익을 얻을 수 있는 판단을 요구하고 있습니다.

지금 당신이 담당하는 자동차의 차종은 2종류(A모델과 B모델)입니다. 그러나 해외에서 수입하고 있는 동력장치의 부품 개수에 제약이 있는 것과 더불어 고객이 원하는 납기까지 시간이 별로 없습니다. 구체적으로 동력장치의 재고는 현재 100개이며, 추가의 동력장치를 가지고 있다고 해도 납기시간에 맞출 수는 없습니다. 또, 고객의 급한 의뢰에 의하여 제작시간은 24시간밖에 없습니다. A모델의 1대당 이익은 10만 원, B모델의 이익은 15만 원이라는 것은 알고 있습니다. 또한 A, B모델에 필요한 동력장치 개수는 각각 3개 및 2개, 1대 만드는 데 필요한 시간은 각각 0.6시간과 1시간으로 되어 있습니다.

그러면 각각의 모델을 몇 대씩 만들면 좋을까요?

예제의 내용을 알기 쉽게 하기 위하여 아래의 표와 같이 정리하였습니다.

**표 6.1 모델별 조건**

| 구분 | 동력장치 개수(개) | 제작시간(시간) | 이익(만 원) | 제작대수(대) |
|------|------------------|----------------|-------------|--------------|
| A모델 | 3 | 0.6 | 10 | $x$ |
| B모델 | 2 | 1 | 15 | $y$ |
| 합계 | $3x + 2y \leq 100$ | $0.6x + y \leq 24$ | $10x + 15y$ | |

그럼 이 문제를 간단하게 풀려면 다음과 같은 연립부등식을 사용하면 중학생 정도의 실력으로 풀 수 있습니다. 실무에서는 제약조건이 이것 이상으로 복잡하여 다방면에 걸쳐 있는 것이 많아 이것을 전부 연립부등식으로 푸는 것은 현실적이지 않습니다. 그러나 이것들이 설명하는 수학적인 방식이 Excel을 사용하는 경우에도 마찬가지기 때문에 기초적인 방법으로 풀어 보겠습니다(비즈니스스쿨에서도 이것부터 시작하였습니다. 그런데 대학을 보통으로 졸업한 우수한 미국인도 모든 사람이 전부 같은 과정을 이수하므로 한국과는 달리 연립부등식 자체를 처음 접하는 사람이 대부분이었습니다. 다만 그들도 무서운 속도로 쫓아왔기 때문에 한국의 중학교에서 몇 개월씩 걸려 배우는 것을 1주일도 걸리지 않고 마스터하고 있었지만 …)

우선 A모델의 제작대수를 $x$대, B모델을 $y$대로 하여 부등식을 만듭니다.

$$\begin{cases} 3x + 2y \leq 100 \cdots (\text{A}) : \text{A, B모델의 합계 동력장치 개수는 재고인 100개 이하} \\ 0.6x + y \leq 24 \cdots (\text{B}) : \text{A, B모델의 합계 제작시간은 24시간 이내} \end{cases}$$

이것을 그래프로 그리기 쉽도록 $y$에 대하여 풀면($y$가 등호의 왼쪽에 있다) 다음과 같이 됩니다.

$$\begin{cases} y \leq -\dfrac{3}{2}x + 50 \cdots (\text{A})' \\ y \leq -0.6x + 24 \cdots (\text{B})' \end{cases}$$

이것을 그래프로 그리면 그림 6.1과 같이 됩니다. 색으로 칠해져 있는 부분이 위의 조건 (A)' 및 (B)' 양 부등식에 의해 나타내는 부분입니다.

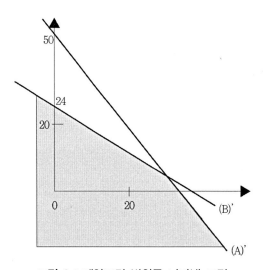

**그림 6.1** 제약조건 범위를 나타낸 그림

다음으로 필요한 의사결정 내용에 대하여 다시 한 번 알아봅시다. 어디까지나 최종목적은 이익의 극대화에 있습니다. 즉, 그 목적함수인 총이익에 대해서도 식으로 만들어 보겠습니다.

총이익* $= 10x + 15y \cdots (\text{C})$

\* : TP(Total Profit)로 바꾸는 것으로 합니다.

이것도 앞에서와 마찬가지로 그래프로 그리기 쉽게 하기 위하여 $y$에 대하여 풀면 다음과 같이 됩니다.

$$y = -\frac{2}{3}x + \frac{1}{15}\mathrm{TP} \cdots (\mathrm{C})'$$

식 (C)'는 기울기가 −2/3, 절편이 1/15TP의 직선입니다. TP는 $x$나 $y$의 값에 따라서 변하기 때문에 절편이 변하여 기울기가 −2/3로 일정한 직선이라고 생각할 수 있습니다.

이것을 앞의 그래프에 추가한 것이 그림 6.2가 됩니다.

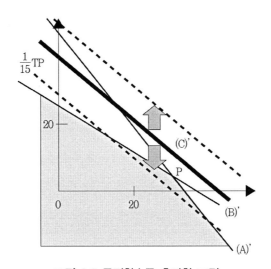

**그림 6.2** 목적함수를 추가한 그림

그림 6.2에서는 $x$와 $y$에서 산출되는 TP(총이익)에 근거한 절편(1/15TP)을 지나는 직선이 그려져 있습니다. 그러나 앞에서 기술한대로 이 직선은 기울기는 변하지 않고 절편이 변한다. 즉, 상하로 병행 이동하는 직선입니다. 그러나 상하로 어디까지나 무한으로 이동할 수 없습니다. 식 (A)', 식 (B)'의 제약에 의해 제한된 Area가 있다는 것을 생각해주십시오. 즉, 색칠한 면적입니다. 이 범위의 어딘가에 들어가는 것이 제약조건이었기 때문에, 이 직선 (C)'도 이 Area 내를 지나가는 것이 필요하게 됩니다. 다른 말로 바꿔 말하면 만약 (C)'로 나타내는 직선이 이 Area 어디에도 지나가지 않는다면 동력장치나 제작시간과 같은 제약조건이 만족할 수

없게 되어 버립니다. 한편, 직감적으로도 이 Area 내에서 허용되는 어딘가의 한계점을 지나 갈 때가 총 이익 극대화의 관건이 되지 않겠느냐고 예측됩니다. 즉, 그림 6.2에는 이와 같이 한계점 또는 선이라는 것은 선 (A)' 위 또는 선 (B)' 위 또는 그들의 교점인 점 P가 됩니다. 여기서 식 (C)'를 생각해주십시오. 이 절편은 1/15TP이었습니다. 바꿔 말하면 Y축과 교차하는 절편이 커지면 커질수록 TP의 값도 커지게 된다고 할 수 있습니다. 즉, 절편이 1이라고 하면 TP는 15가 되는데, 만약 절편이 100이면 TP는 1500이 됩니다. 그러면 절편을 어디까지 크게 하는 것이 허용되는 것일까?

그림 6.2를 보면서 시각적으로 생각해보십시오. 아무래도 직선 (C)'는 기울기 (A)'의 −3/2 나 (B)'의 −0.6 사이의 −2/3인 것으로 점 P를 통과할 때가 절편이 가장 커지게 되는 것을 알 수 있습니다. 이 상태(절편이 최대로 되어 있는 상태)를 나타낸 것이 그림 6.3입니다. 여러 분도 점 P를 지나 바깥에서는 제약조건 Area를 통과하는 (C)'의 절편이 최대가 되는 것이 아 니라는 것을 확인하여 주십시오.

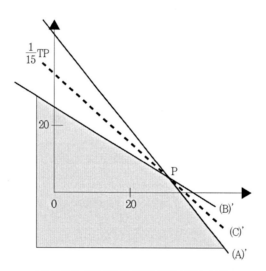

**그림 6.3** 총이익이 최대화일 때의 상태

단, 이것만으로는 아직 최종목적인 총이익이 얼마나 될 것인가에는 이르지 않았습니다. 점 P를 지날 때가 총이익을 최대화할 수 있다는 것만 알았습니다. 그러면 점 P를 통과할 때의 $x$(A모델의 생산대수)와 $y$(B모델의 생산대수)는 각각 몇 대이겠습니까? 이것은 식 (A)와 식 (B)가 만나는 점이므로 (A)와 (B)의 부등호(≤)를 등호(＝)로 고친 연립방정식의 해가 됩니다.

단, 이 경우 $x$, $y$는 차의 대수이므로 정수라는 조건이 붙습니다. 따라서 점 P에 가장 가까운 조건을 만족하는 정수는 $x=25$, $y=9$ 혹은 $x=28$, $y=7$이 답이 됩니다.

즉, A모델을 25대, B모델을 9대 만들 때에 동력장치 제한과 제작시간 제한 양쪽 모두를 만족하면서 최종목적인 총이익을 최대화하는 결론이 되는 것입니다. 이것으로 눈앞의 의사결정 사항에서의 답이 나왔습니다. 만약을 위해 정말로 제약을 만족하는지 또 이익은 얼마가 되는지를 검증하면 다음과 같습니다.

- 동력장치 $= 3x + 2y = 3 \times 25 + 2 \times 9 = 93 \leq 100$
- 제작시간 $= 0.6x + y = 0.6 \times 25 + 9 = 24 \leq 24$
- 총이익(TP) $= 10x + 15y = 10 \times 25 + 15 \times 9 = 385$

필요한 동력장치 개수는 93개로 현재 재고의 100개로 감당할 것, 제작시간에서는 한도인 24시간이 모두 필요하다. 이것에 의하여 총이익은 385만 원이 되어 최대화된 것을 알 수 있었습니다. 왠지 매우 긴 계산이 필요하게 되었지만, 어쨌든 답을 낼 수 있었습니다.

다음 절에서는 Excel 기능을 사용하여 같은 것을 빠르게 계산하는 방법에 대하여 알아보도록 하겠습니다.


## 6.3 Excel Solver를 이용한 최적화문제

6.2절에서는 오로지 손 계산으로 풀어가는 방법으로 진행하였습니다. 하지만 이들의 답을 한 번에 산출할 수 있는 기능이 Excel에 내장되어 있습니다. 필자가 사내연수에서 강의할 때에도 대부분의 수강자가 매일같이 사용하고 있는 Excel에 이와 같은 기능이 있는 것을 알고 놀라워하였습니다. 필자 자신도 비즈니스스쿨에 가기 전에는 이와 같은 기능이 있다는 것을 알지 못했고, 가령 기능의 존재와 사용방법을 알았다고 해도 어떻게 응용하여 사용하면 좋은가에 대해서는 생각하지 못한 것이 아닐까 합니다. 최적화문제 해법의 기본을 6.2절에서 잘 이해하신 분은 앞으로 단숨에 툴에 접근할 수 있습니다. 우선은 앞에서와 마찬가지로 같은 예를 사용해보도록 하겠습니다.

## 6.3.1 과제의 정리와 Spreadsheet의 작성

그림 6.4는 앞의 예를 Excel에 정리한 표입니다. 이후부터는 Excel에 내장된 Solver라는 기능을 사용하는데, 그렇기 때문에 표를 작성할 때에 주의할 점(요령과 같은 것)에 대하여 먼저 설명하겠습니다. 이것만 읽어서는 실제로 Solver를 사용해보지 않으면 도무지 감이 잡히지 않을 것으로 생각되므로, 몇 번이라도 스스로 연습을 한 후에 이곳을 다시 한 번 읽어보면 보다 잘 이해할 수 있을 것으로 생각합니다. (a)에서 (d)까지의 포인트를 그림 6.4에도 기재하였습니다.

### (a) 무엇이 변수가 될지 확인한다(판별한다)

경우에 따라서는 이것이 매우 어려울 수 있습니다. 최종목적인 목적함수 및 제약조건을 직접 구성하는 변수일 필요가 있습니다(즉, 여기서 선택한 변수가 변하면 제약항목도 목적함수도 그 값이 변하지 않으면 해를 얻을 수 없습니다).

이 예에서는 A, B모델의 제작대수가 변수가 됩니다. 이 변수에 의해 총 동력장치개수와 총 제작시간이 계산되어, 목적함수가 되는 총 이익도 결정됩니다. 주의해야 할 것은 이 변수가 반드시 최종적으로 최적화하려는 값의 변수로 볼 수 없다는 것입니다. 예를 들면 지금 최적화하고 싶은 것이 총 이익이라면, 변수로 둔 제작대수는 어디까지나 중간과정으로 그 값 자체는 자신이 알고 싶은 목적이 아니라는 것입니다. 그래서 '최적화하고 싶은 것 = 변수'라는 것이 반드시 성립되지 않습니다. 한편, 만약에 당신이 알고 싶은 것이 총 이익을 최대화할 때의 A모델, B모델의 제작대수라면 '최종적으로 알고 싶은 것 = 변수'라는 것이 됩니다. 어느 경우도 Solver로 하는 것은 같습니다.

### (b) 무엇이 목적이며, 그것이 변수로 정의될 수 있을지 확인한다(판별한다)

이 예에서는 총 이익의 최대화이므로 '총 이익'을 목적함수로 합니다. 이 목적함수는 (a)에서 정해진 변수에 의해 산출된 것이 필요합니다. 그를 위해서는 목적함수가 (a)에서 정해진 변수로 구성된 함수가 필요합니다. 이 예에서는 변수인 $x$와 $y$가 목적함수(총 이익)인 $10x + 15y$라는 함수를 만들고(구성하고) 있습니다.

**(c) 무엇이 제약조건이 되고, 그것이 변수로 어떻게 정의될지 확인한다(판별한다)**

이 예에서는 동력장치개수와 제작시간이 제약조건이므로 각각을 제약함수로 합니다. 이 제약함수는 (a)에서 정해진 변수에 의해 구성된 것이 필요합니다(이 예에서는 $3x + 2y$나 $0.6x + y$). 그림 6.4에서는 예를 들면 B4 셀에는 $(3x + 2y)$를 나타내는 '=3*F2+2*F3'의 식을 입력합니다.

**(d) 제약이 되는 값(또는 조건)과 제약함수의 계산 값을 직접 비교할 수 있도록 한다**

이 예에서는 동력장치개수 및 제작시간의 합계를 산출할 수 있는 계산식을 시트에 정의·표시되도록 하고, 그 근처(이 예에서는 아래)에 제약이 되는 값을 제약항목으로 하여 입력합니다.

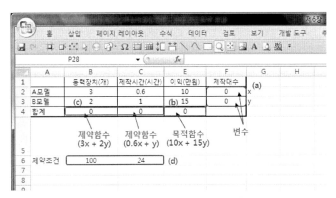

**그림 6.4** 시트에서의 과제정리

## 6.3.2 Solver를 가동

Excel의 [데이터] Ribbon 메뉴에 [해 찾기]가 있는 경우는 그대로 사용하면 되지만, 없는 경우(특히 한번도 Solver를 사용한 적이 없으면 표시되지 않습니다)에는 [Office 단추(왼쪽 상단)]를 클릭하여 [Excel 옵션]을 선택한 후에 표시되는 Excel 옵션에서 왼쪽의 [추가 기능]을 클릭하고 [해 찾기 추가 기능]을 선택합니다(그림 6.5).

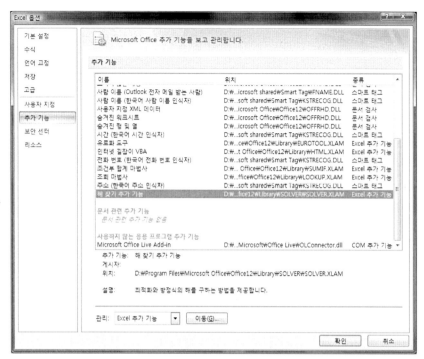

**그림 6.5** 해 찾기 추가 기능

이 상태에서 아래쪽의 [이동] 버튼을 클릭하면 [추가 기능] 창이 표시되는데(그림 6.6), 여기서 [해 찾기 추가 기능]에 체크를 하고 [확인] 버튼을 클릭합니다. 그러면 [데이터] Ribbon 메뉴에 [해 찾기] Item이 추가되는데 표시되어 있는지 확인하여 주십시오.

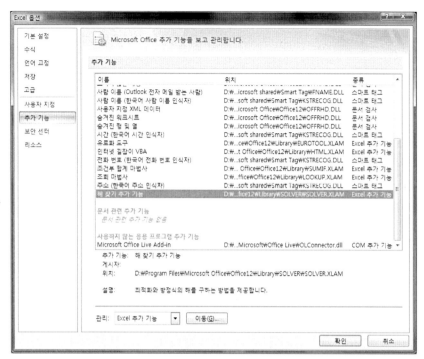

**그림 6.6** 추가 기능 창

다음에 그림 6.7에 표시된 Solver 기능의 파라미터 설정에 대하여 설명합니다.

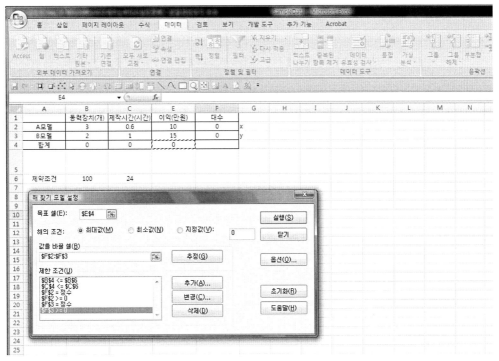

**그림 6.7** 파라미터의 설정

**목표 셀**: 목적함수로 되어 있는 셀을 지정합니다. 이 예에서는 총 이익이 목적으로 하는 함수이므로 E4의 셀이 이것에 해당합니다.

**해의 조건**: '목적 셀'의 값을 최대화할 것인가 최소화할 것인가 아니면 뭔가 특정한 값에 맞출 것인가를 케이스별로 목적에 따라 지정합니다. 이 예에서는 '목적 셀'로 설정한 '총 이익'의 최대화로 하였습니다.

**값을 바꿀 셀**: 앞에 '무엇을 변수로 할 것인가'를 검토할 때의 변수설정입니다. 이 예에서는 A, B모델 각각의 제작대수로 하였습니다. 따라서 시트의 해당 셀을 지정합니다.

**제한 조건**: 오른쪽에 있는 [추가] 버튼을 클릭하고(그림 6.8) 하나하나 제한 조건을 설정합니다. 그림 6.8에서는 동력장치의 합계가 100개 이하인 제한 조건을 설정하고 있습니다. [확인] 버튼을 클릭하면 [해 찾기 모델설정] 화면의 제한 조건의 칸

에 표시됩니다. 그림 6.7의 예에서는 동력장치 합계, 합계 제작시간의 제한 조건에 비하여 A, B모델의 제작대수는 각각 0 이상(즉, 정(+)의 수)이며, 정수라는 조건도 들어가 있습니다.

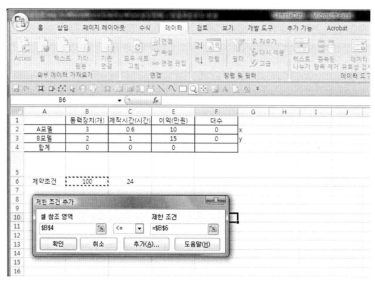

**그림 6.8** [제한 조건의 추가] 화면

정수인 조건을 설정하기 위해서는 그림 6.9와 같이 가운데의 콤보박스에서 [int]를 선택하면 자동으로 정수가 제한 조건으로 입력됩니다.

**그림 6.9** 정수조건의 설정

마지막으로 [해 찾기 모델설정] 화면의 오른쪽에 있는 [옵션] 버튼을 클릭하여 주십시오. 그림 6.10의 [해 찾기 옵션] 화면이 표시됩니다. 일반적인(대단히 복잡한 모델이나 막대한 양의 데이터가 아닌 것) 케이스를 취급하는 범위에서는 아래의 설정은 기본적으로 문제가 없다고 생각합니다.

각각의 설정내용에서는 [해 찾기 옵션] 화면의 도움말 또는 전문서적을 참고로 하고, 최소한 선형모델을 전제로 한 최적화문제이므로 [선형모델 가정]과 만약 정수가 정의 수(+)인 것이 자명한 경우에는 [음수 아닌 것으로 가정]에 체크를 하고 [확인] 버튼을 클릭하여 주십시오. 이 예에서는 음수가 아닌 조건은 제한 조건으로 이미 입력이 완료되어 있습니다.

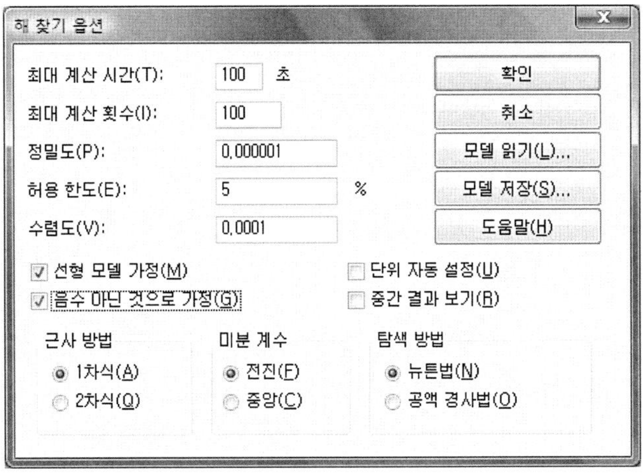

**그림 6.10** 옵션 설정

이로서 모든 설정이 완료되었습니다. [해 찾기 모델설정] 화면의 [실행] 버튼을 클릭합니다. [해 찾기 결과] 화면이 표시됩니다(그림 6.11). 만약에 정의 해가 구해지면 그림 6.11과 같이 '모든 제한 조건과 최적 조건을 만족시키는 해를 구했습니다.'라는 메시지와 함께 시트에는 설정한 조건에 따라 구해진 해가 표시될 것입니다. 이것을 그대로 시트에 기록하고 싶으면 [구한 해로 바꾸기]에 체크를 하고 [확인] 버튼을 클릭합니다. 원래로 돌아갈 경우에는 [초기값 유지]에 체크를 합니다. 단, 모델의 설계(여기에서는 시트의 작성과 Solver의 설정도 포함합니다)에 문제가 있다거나, 원래 설정한 조건 내에서의 해가 존재하지 않는 경우에는 해가 구해지지 않습니다. 이 경우에는 다시 한 번 모델을 재검토할 필요가 있습니다. 또한 만약에 모델설계에 실수가 있어도 우연히 그 조건에서 구해진 해가 표시되는 경우도 있습니다. 이 경우는 어디에도 체크기능이 작동하지 않기 때문에 처음부터 신중한 모델설계가 중요하다고 말할 수 있습니다.

**그림 6.11** [해 찾기 결과] 화면

그림 6.12가 Solver에서 구해진 해입니다. 여기서 A모델을 25대, B모델을 9대 제작할 때의 총 이익이 최대화되어 그 이익은 385만 원이 되며, 동력장치는 93개, 제작시간은 24시간이 필요하다고 앞의 연립부등식에서 계산한 답과 전부 같은 해가 구해진 것을 확인할 수 있습니다. 여기서 의사결정자로서 A, B모델의 제작대수를 결정하는 것이 가능하게 되었습니다.

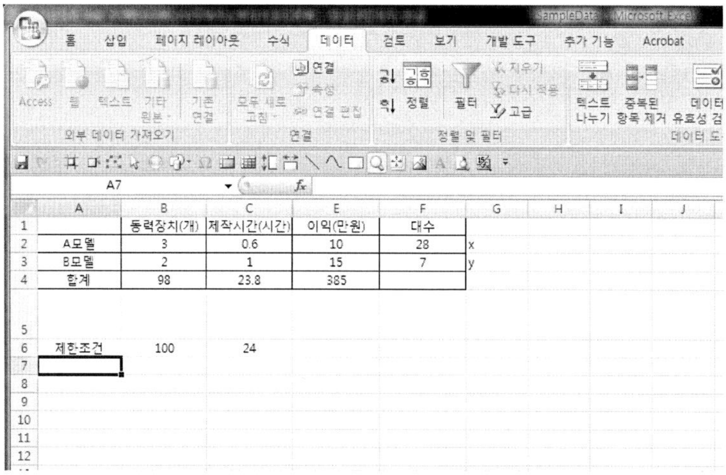

**그림 6.12** Solver에 의한 해

그림 6.11의 오른쪽에 있는 [보고서] 칸에서는 이 책의 범위를 벗어나므로 상세한 설명은 생략하고 '민감도' 보고서에 대해서만 간단하게 설명하겠습니다. '민감도' 보고서는 설정한 제한 조건을 1단위(어떤 단위인가에 따라 그 제한 조건이 달라집니다) 늘리거나 줄일 경우, 어떻게 결과가 변할 것인지 감도를 분석하여 구해진 해가 제한 조건의 변화에 따라 어느 정도 영향을 받는지를 분석하기 위한 것입니다. 제한 조건으로 불확정요소가 존재한다거나, 장래 변화시켜서 구할 수 있는 변수의 경우에는 특히 도움이 되는 정보지만, 필자는 실무에서 참고 정

도로 사용하고 있습니다.

이상으로 Solver에 의한 최적화문제의 기본적인 이론과 Excel의 조작에 대하여 예제와 함께 설명하였습니다. 뒤에서는 다양한 예제를 사용하여 어떻게 응용할 수 있을까에 대하여 소개하도록 하겠습니다. 처음에 기술한 것처럼 이 예제도 폭넓은 응용범위 내의 극히 일부에 지나지 않습니다. 이후에 어떻게 스스로 의사결정 과제에 응용하여 적절한 모델설계를 할 수 있을까가 포인트가 됩니다.

빠른 연습을 위한 예제를 내겠습니다. 다음의 과제를 보고 Excel에서 풀어보십시오.

---

**[추가예제]**

겨우 A모델과 B모델의 제작대수가 결정되었습니다.

그런데 강재부족에 의한 새로운 제한이 있다는 것이 판명되었습니다.

현재 500㎡의 재고가 있지만, 모레까지 추가로 강재가 들어오지 않는다.

A모델은 1대당 15㎡, B모델은 1대당 22㎡의 강재를 사용합니다.

방금 전의 결과와 결론이 바뀌겠습니까?

---

결과는 A모델 4대, B모델 20대 또는 A모델 1대, B모델 22대가 됩니다.


# 6.4 다양한 응용 예

## 6.4.1 수송비 최적화문제

**[문제]**

그림 6.13과 같이 공장A 및 B에서 제품을 대리점 1~3에 대하여, 각각 주문받은 대수를 수송합니다. 그런데 대리점에 따라 공장A에서 수송하는 경우와 공장B에서 수송하는 경우에 그 수송비가 다릅니다. 예를 들면 대리점 1의 13대 주문에 대해서는 공장A에서 수송하는 경우 1대마다 95원이 드는 것에 대하여 공장B에서 수송하면 110원이 듭니다. 다른 제약으로는 공장A와 B의 재고가 있는데, 각각 18대, 25대로 되어 있습니다. 물론 경영자로서 당신은 수송비를 최소화하고, 주문된 대수를 정확하게 대리점에 보내줄 필요가 있습니다. 각각의 대리점에 어느 공장에서 몇 대씩 수송하는 것이 가장 수송비를 절약할 수 있겠습니까?

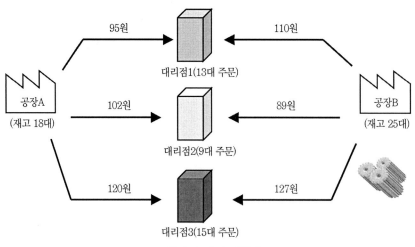

**그림 6.13** 수송비문제

처음의 예제이므로 순서대로 STEP을 밟으면서 알아보도록 하겠습니다.

### STEP 1 무엇을 변수로 할 것인가? (제한 조건과 목적함수를 확인)

변수 : ① 공장A에서 대리점 1로의 출하대수

② 공장A에서 대리점 2로의 출하대수

③ 공장B에서 대리점 3으로의 출하대수

### STEP 2 목적함수는 무엇인가?

목적함수 : 총 수송비 ← 이것을 최소화하는 것이 목적

### STEP 3 제한 조건은 무엇인가?

제한 조건 : A공장의 재고는 18개  ➡  A공장에서의 출하개수 ≤ 18

B공장의 재고는 25개  ➡  B공장에서의 출하개수 ≤ 25

출하대수는 정수      ➡  A, B공장에서의 출하대수 = 정수

대리점 1은 13대 주문  ➡  대리점 1에서의 출하대수 합계 = 13

대리점 2는 9대 주문  ➡  대리점 2에서의 출하대수 합계 = 9

대리점 3은 15대 주문  ➡  대리점 3에서의 출하대수 합계 = 15

## STEP 4 Excel 시트의 작성

Excel 시트의 예를 보기바랍니다(그림 6.14). 알기 쉽도록 모든 항목을 표시하였습니다. 변수로서의 수송대수, 이미 문제에서 주어져 있는 수송비용 및 합계수송비용을 계산하는 수송비용이 표시되어 있습니다. 계산식은 간단하며, 각각의 수송루트별로 대수와 대당 수송비를 곱하여 합계수송비용이 산출됩니다. 그림 6.14에서는 Solver에서 대수가 정해지기 전이므로 전부 0대의 값이 들어 있습니다(시트 내에서 필요한 산식은 전부 입력 완료입니다 : 예를 들면 셀 C16에는 '=C3*C11'이라는 식이 입력되어 있습니다).

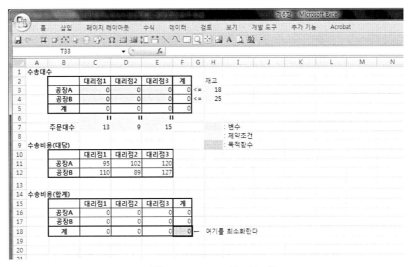

**그림 6.14** Excel 시트의 예

## STEP 5 Solver의 실행

그림 6.15는 solver의 설정 예입니다. 설정 방법을 그림 6.15와 전부 같게 할 필요는 없습니다. 예를 들면 주문수의 제한 조건을 설정하는데 셀 C7을 선택하는 대신에 13이라는 수치를 입력하여도 같습니다. 또, [음수 아닌 것으로 가정]을 체크해두면 변수를 전부 0 이상으로 설정할 필요도 없습니다. 개개의 설정내용은 STEP 3에서 확인한 제한 조건을 전부 설정합니다.

그림 6.15 Solver의 설정 예

### STEP 6 결과의 확인

그림 6.16은 Solver의 실행결과입니다. 이것에 의하면 공장A에서 대리점 1로의 수송을 13대, 대리점 2로의 수송을 0대, 공장B에서 대리점 3으로의 수송을 10대로 정하면 총수송비가 3,906원이 되어 최소가 되는 것을 알 수 있습니다. 각 공장의 재고조건이나 각 대리점의 주문개수 조건을 전부 만족하고 있는 것을 확인할 수 있습니다.

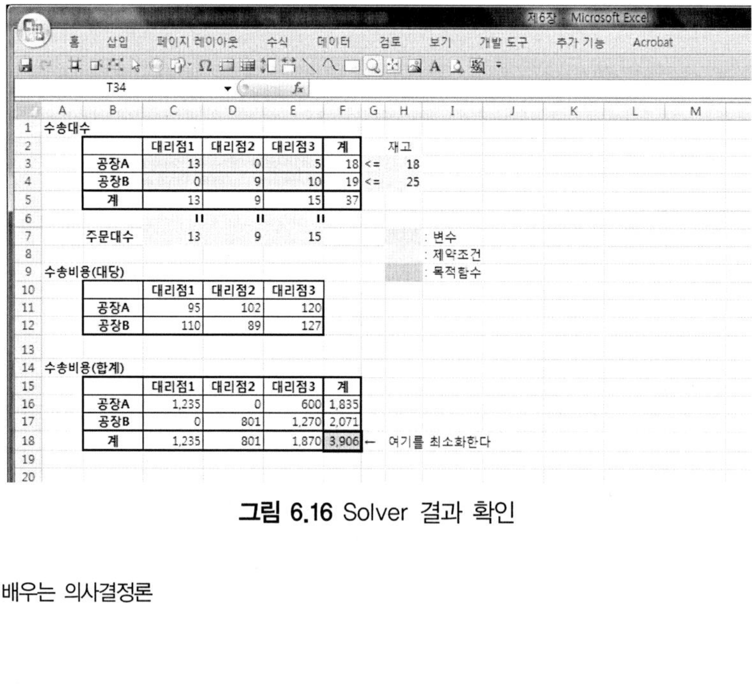

그림 6.16 Solver 결과 확인

## 6.4.2 마케팅 믹스 결정문제

**[문제]**

당신은 마케팅매니저로서 가장 효율적인 마케팅 믹스를 결정하는 것이 요구되고 있습니다. 물론 예산에 대한 상한이 있으며, 그중에서 가장 높은 인지도를 실현할 필요가 있습니다. 가능한 미디어로는 텔레비전 광고(주간과 야간), 일간신문, 라디오 4종류가 있으며, 각각 고객리치[1](몇 명을 커버할 수 있나), 비용/광고(1광고별 비용), 인지도/광고(1광고별 인지도)를 그림 6.17에 있는 대로 알고 있습니다. 또, 사내의 규정에 의해 고객리치는 25,000인을 초과할 것, 텔레비전 광고는 15건 이상 광고를 하지 않을 것, 총 예산은 30,000인 것이 정해져 있습니다. 이와 같은 조건을 만족하는 최적 마케팅 믹스를 실현하십시오.

우선은 연습하는 의미에서 그림 6.17을 보면서 여러분 자신이 시트에 문제의 상황을 모델링하는 것을 권합니다. 물론 시트의 표기는 그림 6.17과 같을 필요는 없습니다.

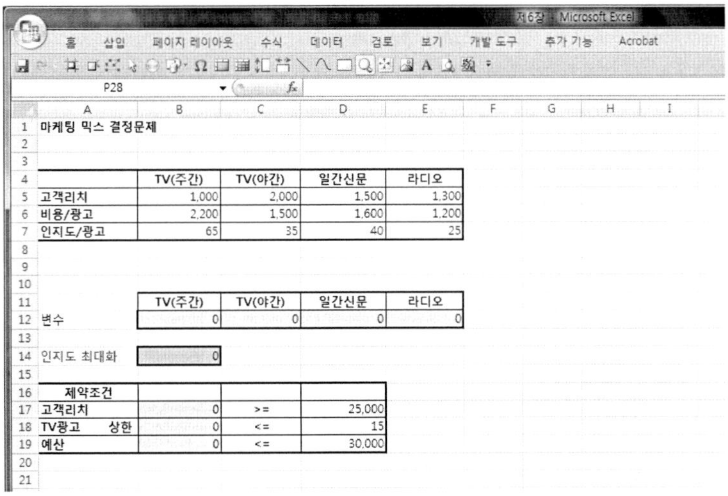


| | A | B | C | D | E |
|---|---|---|---|---|---|
| 1 | 마케팅 믹스 결정문제 | | | | |
| 4 | | TV(주간) | TV(야간) | 일간신문 | 라디오 |
| 5 | 고객리치 | 1,000 | 2,000 | 1,500 | 1,300 |
| 6 | 비용/광고 | 2,200 | 1,500 | 1,600 | 1,200 |
| 7 | 인지도/광고 | 65 | 35 | 40 | 25 |
| 11 | | TV(주간) | TV(야간) | 일간신문 | 라디오 |
| 12 | 변수 | 0 | 0 | 0 | 0 |
| 14 | 인지도 최대화 | 0 | | | |
| 16 | 제약조건 | | | | |
| 17 | 고객리치 | 0 | >= | 25,000 | |
| 18 | TV광고 상한 | 0 | <= | 15 | |
| 19 | 예산 | 0 | <= | 30,000 | |

**그림 6.17** 마케팅 믹스 문제

여기서 제한 조건은 문제에 기록되어 있으므로 누락되지 않게 반영하면 특별히 문제는 없다고 생각하지만 고객리치, TV광고의 상한, 예산의 3개에 대한 사내의 조건, 그리고 잊지 말아야 할 것은 변수가 정수인 것입니다.

이것을 Solver의 조건으로 설정한 것이 그림 6.18입니다. 여기서도 목적함수인 인지도를 최대화하는 것이 최종목적인 것을 알 수 있다고 생각합니다.

1) 마케팅 용어로 고객(타깃 층)까지 알려지고 있는지를 나타내는 말

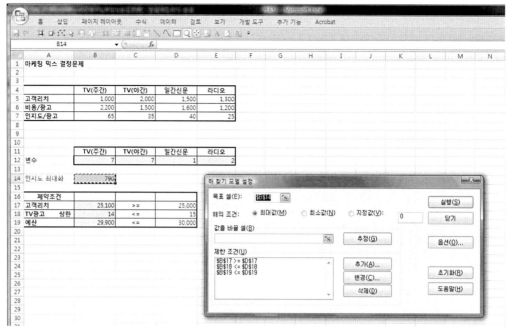

**그림 6.18** Solver의 조건설정

그림 6.19가 Solver의 결과입니다. 예산을 전부 사용하여 790이라는 최대의 인지도를 실현하는 것을 나타내고 있습니다. 또, 각각의 미디어에 대한 필요광고 회수도 결정되어 있습니다. 또, 그 밖의 사내규정에 의한 제한도 전부 만족하고 있는 것을 확인할 수 있습니다.

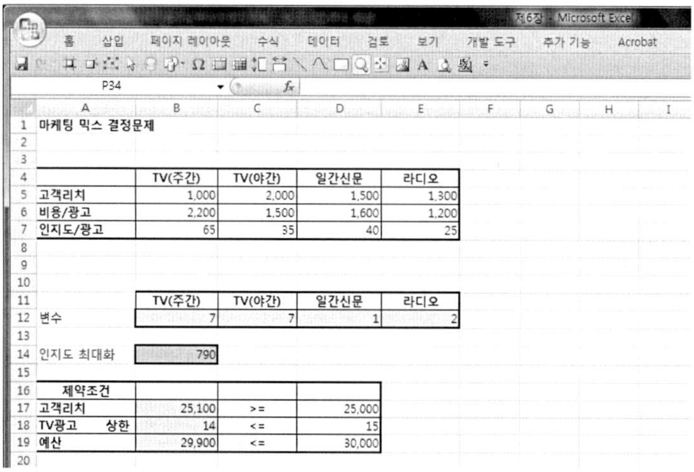

**그림 6.19** Solver의 결과

### 6.4.3 프로젝트팀 편성문제

**[문제]**

당신은 어느 프로젝트의 리더를 맡고 있습니다. 또, 이 프로젝트를 위한 스태프로서 A군에서 D군까지 4명이 배정되어 있으며 각기 다른 자신 있는 분야를 가지고 있는 것을 알고 있습니다. 이 프로젝트의 내용을 크게 분류하면 업무 1에서 업무 4까지의 4종류의 일에 따라 구성됩니다. 스태프 각각의 업무에 대한 효율은 그림 6.20의 가장 위의 표에 기록되어 있는 그대로이며, 당신의 임무는 이 스태프의 능력을 확인하여 가장 효율적으로 업무를 배분하는 데 있습니다(바꿔 말하면 업무에 대한 효율의 수치인 총합계를 최대화하는 것에 있습니다). 또한 조건으로써 1인의 스태프에 대하여 복수의 업무를 할당할 수 없습니다. 또, 하나의 업무에 복수의 스태프를 할당할 수 없습니다. 전원이 모든 업무를 하나씩 맡을 필요가 있기 때문입니다. 당신은 업무를 어떻게 배분하겠습니까?

이 문제의 본질은 '한사람이 하나의 업무를 맡는다.'고 하는 제한을 어떻게 Solver에 설정할 것인가 입니다. 그림 6.20의 가운데 표(셀 A9에서 G15)를 사용하여 가로 및 세로의 합계가 1이 되도록 조건을 설정함으로써 가로 열에도 세로 열에도 어느 한쪽의 셀에 1이 들어가 있으면 다른 쪽에는 0이 들어가도록 되어 있습니다(물론 변수를 정수로 설정할 필요가 있습니다. 그렇지 않으면 0.5명과 0.5명을 더하여 1명의 답이 나와 버릴지도 모르니까). 이와 같이 설정함으로써 같은 사람에게 복수의 업무가 할당되지 않고, 같은 업무가 복수의 스태프에게 배분되지 않게 됩니다. 예를 들면 A군의 열을 보면, 아무 곳이나 하나의 업무에 1을 넣으면 다른 곳은 0이 됩니다. 그렇지 않으면 A군의 열의 합계가 1이라는 조건을 만족할 수 없게 되기 때문입니다. 또, 스태프 수와 업무의 수가 같으므로 모든 업무가 한 사람씩의 스태프에 배분되게 됩니다.

필자는 이 문제를 볼 때에 단순한 설정으로 어떻게 이와 같은 세련된 구조를 드러낼 수 있을지에 감탄합니다.

또, 가장 아래의 표(셀 A18에서 E23)는 각 스태프에 대한 업무 효율을, 가운데 표의 1 또는 0의 값으로 곱한 수치가 표시되도록 계산식이 들어가 있습니다. 즉, 가운데 표에서 1이 들어간 업무에 대해서만 그 업무의 효율이 카운트(그 밖에는 0이니까 곱한 수치도 0이 되기 때문에)되도록 되어 있습니다. 여기서 업무에 대한 효율의 총합계(목적함수)를 찾아갈 수 있습니다.

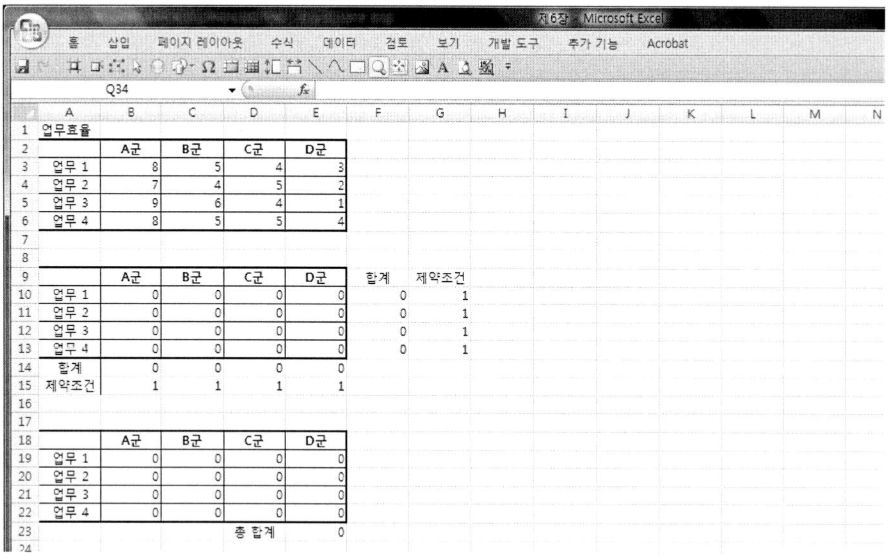

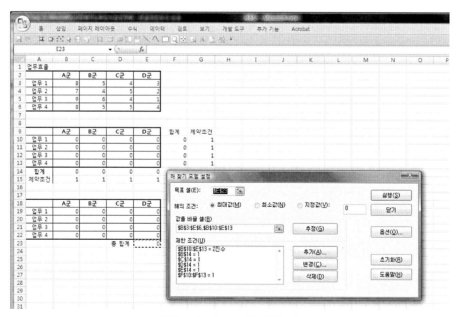

**그림 6.20** 프로젝트팀 편성의 문제

다음에 Solver의 설정 예를 보겠습니다(그림 6.21).

**그림 6.21** Solver의 설정 예

여기서는 처음에 '바이너리'라는 조건 설정이 나옵니다. 바이너리는 2진수로 0 또는 1을 가리킵니다. 가운데 표에는 바이너리 수치가 들어가기 때문에 이것은 [제한 조건 추가] 화면에서 '데이터'라는 조건을 선택하면 자동으로 제한 조건에 바이너리가 설정됩니다(그림 6.22).

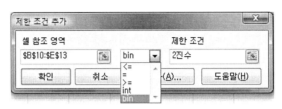

**그림 6.22** 바이너리조건의 설정

정수나 바이너리와 같은 '정수조건'을 설정할 때의 주의할 점을 소개합니다. [해 찾기 모델 설정] 화면의 [옵션]을 선택하면 [해 찾기 옵션] 화면이 표시됩니다. 여기서는 허용한도를 0으로 설정하는 것을 추천합니다. 이것은 최적 값의 폭을 어디까지 허용할 것인가의 비율을 지정하는 것이지만, 구하는 해가 정수이므로 반드시 정수의 답에 이를 때까지 답을 검색해달라는 의미가 됩니다. 0이 아니어도 같은 해를 얻을 수 있는 경우도 많지만, 만약을 위해서 설정해두는 것을 추천합니다.

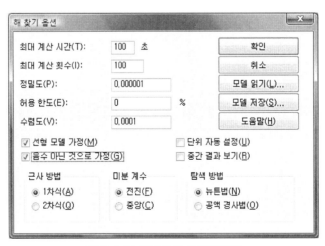

**그림 6.23** 정수조건의 옵션설정

그림 6.24에 Solver에 의하여 구해진 결과를 표시하였습니다. 이것에 따르면 A군에 업무 3, B군에 업무 1, C군에 업무 2, D군에 업무 4를 배분하는 것으로 최대의 업무효율인 23이라는 값을 얻을 수 있다는 것을 말해주고 있습니다. 확실히 스태프나 업무의 오버랩이 없이 업무가 나눠지고 있는 것을 확인할 수 있습니다.

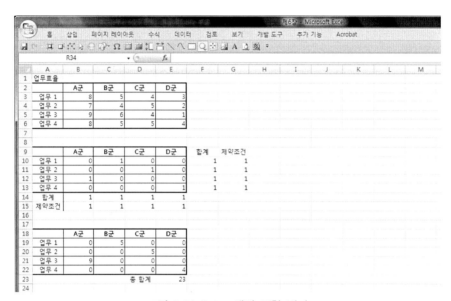

**그림 6.24** Solver에서 구한 결과

## 6.4.4 서플라이체인 시스템디자인 문제

**[문제]**

현재 중국 광저우(廣州)에 자동차공장이 있는데 베이징(北京), 상하이(上海)의 각 Distribution Center로 출하하고 있습니다(그림 6.25 참조). 시장의 수요가 확대되고 있어 공장을 하나 증설하기로 하고 칭다오(靑島), 다롄(大連), 우한(武漢) 3곳의 후보지에 대하여 적절한 공장설립 장소를 정할 필요가 있습니다. 각각 공장설립에 따른 고정비(예를 들면 칭다오에는 100,000천 원)가 들며, 생산능력의 제한(예를 들면 칭다오에는 상한 15,000대)이 있습니다. 또, 각 Distribution Center에서는 각각의 수요(예를 들면 베이징에는 25,000대)가 있어 이것을 만족시킬 필요가 있습니다. 한편, 각 후보지에서 Distribution Center까지 한 대당 수송비가 그림 6.25에 표시되어 있습니다. 당신은 VP로서 가장 비용이 적게 드는 공장설립 장소를 결정하여야 합니다. 그럼 어디에 설립하겠습니까?

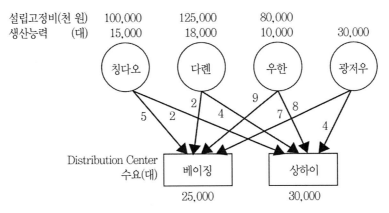

설립고정비(천 원) 100,000 125,000 80,000
생산능력　(대) 15,000 18,000 10,000 30,000

칭다오　다롄　우한　광저우

2
9
5　2　4　7　8
4

Distribution Center
수요(대)

베이징　상하이
25,000　30,000

**그림 6.25** 공장설립 문제

**그림 6.26** 조건 설정

　그림 6.26에 조건을 넣은 시트의 예를 표시합니다. 여기서는 위에서부터 절반까지 문제 중에서 미리 알고 있는 조건을 그대로 입력하였습니다. 나머지 절반은 바이너리(0 또는 1)의 변수로 하고 있습니다. 예를 들면 우측의 'Open/not'이라는 칸을 보면 이곳도 0 또는 1을 이용하여 설립하는 곳은 1, 그렇지 않은 곳은 0으로 하고 있습니다. 만약에 새로 설립되는 공장이 하나뿐이라는 조건이 있다고 하면 앞의 예제와 마찬가지로 합계가 1이 되는 조건을 설정하는 것으로 규정될 수 있지만, 이 예제에서는 이와 같은 제한이 없기 때문에 설정하지 않습니다.

또, 이 예제의 모델링 요령의 하나가 생산능력 조건과 설립공장의 고정비 설정의 사양입니다. 앞에서 기술한 것과 같이 공장설립의 유무를 0 또는 1로 표현함으로써 그 결과를 각 공장의 생산능력에 곱한 수식을 만들어두면, 설립하지 않는 공장의 생산능력은 (0이 곱해지므로) 0이 되며, 설립된 공장의 생산능력은 (1이 곱해지므로) 그 공장의 생산능력이 카운트되는 구조로 되어 있습니다. 즉, 구체적으로 말하면 그림 6.26에서의 셀 F15에는 '=D5*G15'라는 계산식이 입력되어 있습니다. 마찬가지로 공장별 고정비를 총비용의 일부로 산출할 때에도 이 0 또는 1의 결과를 각 공장의 고정비에 곱하여 산출하도록 되어 있습니다. 즉, 설립되지 않는 공장의 고정비는 이 구조에 따라 비용에 가산되지 않습니다.

그림 6.27은 Solver에서의 파라미터 설정 예입니다. 조건은 다음과 같이 간단하게 3가지입니다.

1) 베이징, 상하이 각 Distribution Center의 수요를 만족할 것
2) 각 공장의 상한 생산능력을 넘지 않을 것
3) 공장의 설립(Open/not)을 바이너리로 설정할 것

마지막으로 셀 B12에 계산되는 총비용(＝고정비 + 총수송비)이 최소가 되는 것을 최종목적으로 하여 Solver에서 계산됩니다. 변화시키는 셀의 범위를 2개 지정하고 있는 것에도 주의하십시오.

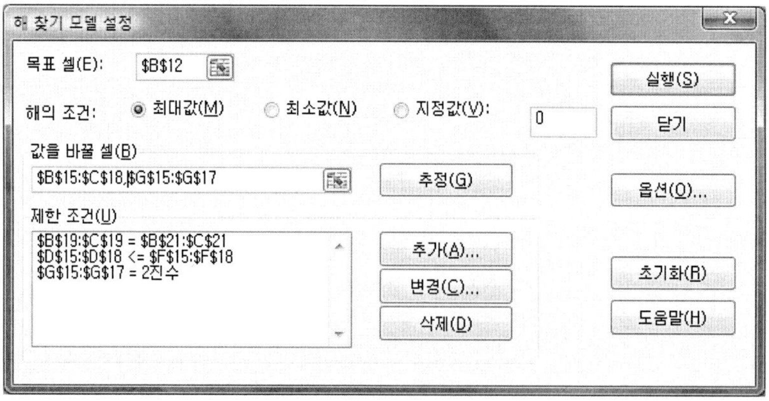

**그림 6.27** 파라미터의 설정

그림 6.28은 Solver의 결과입니다. 'Open/not'의 결과를 보면 현재의 광저우공장과 더불어 칭다오와 다롄에 공장을 설립하면 좋다는 결론입니다. 또, 광저우공장에서는 상하이에 22,000대, 새로 설립하는 칭다오공장에서는 베이징에 7,000대, 상하이에 8,000대 출하하고, 다롄공장에서는 베이징에만 18,000대 출하하는 것으로 총비용을 400,000(천원)을 최소한으로 하고 있습니다. 또, 각각 신설공장의 생산능력은 제한 조건 상한까지 사용하는 것을 알 수 있습니다.

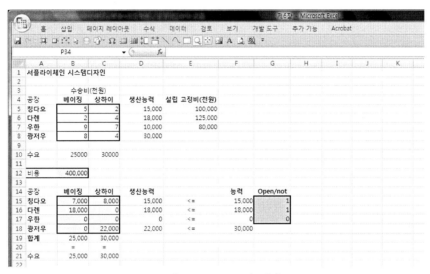

**그림 6.28** Solver의 결과

## 6.4.5 예산책정문제

마지막 예제로 필자가 실무에서 실제로 사용한 것을 수정하여 소개합니다.

### [문제]

2004년도의 주문, 판매, 재고의 월별실적을 알고 있습니다. 또한 이 제품은 월별로 계절요인 (seasonality)이 있는 것도 알고 있으며, 이것을 기준으로 연간 매상목표를 월별로 할당하는 것으로 하고 있습니다. 따라서 2005년도의 판매대수는 월별의 값으로 결정됩니다. 또, 이 제품의 적정재고 월수(재고개수를 연간평균 판매개수로 나눈 것)는 2.8개월분으로 되어 있습니다. 이것에 의해 연말 결산에서 적정재고를 유지하는 것으로 불필요한 자산을 계상하는 것을 피할 수 있기 때문입니다. 당신은 2005년도 말에 적정재고 수준이 되도록 재고관리가 능숙한 것을 전제로 매월 주문개수를 책정하여야 합니다.

그림 6.29에 이 조건을 설정한 시트의 예를 표시합니다.

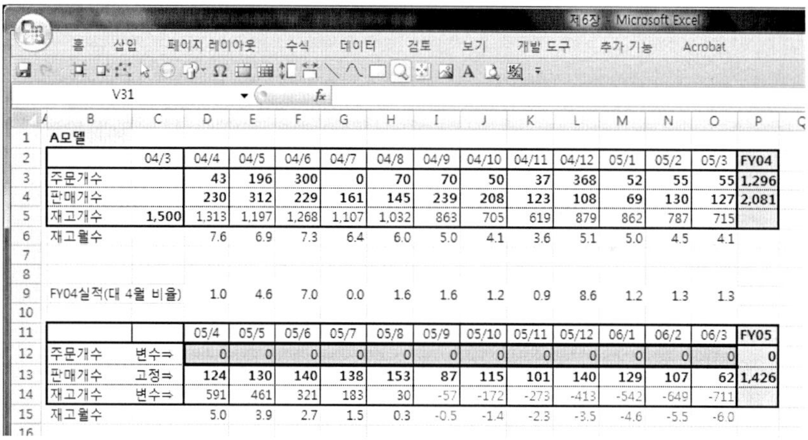


| | A/B | C | D | E | F | G | H | I | J | K | L | M | N | O | P |
|---|---|---|---|---|---|---|---|---|---|---|---|---|---|---|---|
| 1 | A모델 | | | | | | | | | | | | | | |
| 2 | | 04/3 | 04/4 | 04/5 | 04/6 | 04/7 | 04/8 | 04/9 | 04/10 | 04/11 | 04/12 | 05/1 | 05/2 | 05/3 | FY04 |
| 3 | 주문개수 | | 43 | 196 | 300 | 0 | 70 | 70 | 50 | 37 | 368 | 52 | 55 | 55 | 1,296 |
| 4 | 판매개수 | | 230 | 312 | 229 | 161 | 145 | 239 | 208 | 123 | 108 | 69 | 130 | 127 | 2,081 |
| 5 | 재고개수 | 1,500 | 1,313 | 1,197 | 1,268 | 1,107 | 1,032 | 863 | 705 | 619 | 879 | 862 | 787 | 715 | |
| 6 | 재고월수 | | 7.6 | 6.9 | 7.3 | 6.4 | 6.0 | 5.0 | 4.1 | 3.6 | 5.1 | 5.0 | 4.5 | 4.1 | |
| 7 | | | | | | | | | | | | | | | |
| 8 | | | | | | | | | | | | | | | |
| 9 | FY04실적(대 4월 비율) | | 1.0 | 4.6 | 7.0 | 0.0 | 1.6 | 1.6 | 1.2 | 0.9 | 8.6 | 1.2 | 1.3 | 1.3 | |
| 10 | | | | | | | | | | | | | | | |
| 11 | | | 05/4 | 05/5 | 05/6 | 05/7 | 05/8 | 05/9 | 05/10 | 05/11 | 05/12 | 06/1 | 06/2 | 06/3 | FY05 |
| 12 | 주문개수 | 변수⇒ | 0 | 0 | 0 | 0 | 0 | 0 | 0 | 0 | 0 | 0 | 0 | 0 | 0 |
| 13 | 판매개수 | 고정⇒ | 124 | 130 | 140 | 138 | 153 | 87 | 115 | 101 | 140 | 129 | 107 | 62 | 1,426 |
| 14 | 재고개수 | 변수⇒ | 591 | 461 | 321 | 183 | 30 | -57 | -172 | -273 | -413 | -542 | -649 | -711 | |
| 15 | 재고월수 | | 5.0 | 3.9 | 2.7 | 1.5 | 0.3 | -0.5 | -1.4 | -2.3 | -3.5 | -4.6 | -5.5 | -6.0 | |

**그림 6.29** Excel 시트의 예

그림에서 위쪽이 2004년도 실적이며, 아래쪽이 이것에 의하여 책정하는 2005년도의 예산표입니다. 이것은 아래와 같은 관계가 성립되어 있습니다.

**(이번 달의) 재고 = (저번 달의) 재고 + (이번 달의) 주문 − (이번 달의) 판매**

또한 다른 전제로는 2004년도의 월별 주문 트렌드가 2005년도에도 계속되는 것을 들 수 있습니다. 이 전제를 활용하기 위하여 FY04실적(대 4월 비율)이라는 행에 04년 4월을 1.0으로 바꿀 때의 5월 이후의 주문비율을 나타내고 있습니다. 2005년도도 이 비율은 같다고 하는 전제를 두었기 때문에 시트의 12번째 열(2005년도 주문)은 4월만을 변수로 하고, 5월 이후는 이 비율로 수치가 들어가도록 설정되어 있습니다(예를 들면 2005년 5월의 주문은 4월의 4.6배라는 04년도 실적이 있기 때문에 E12 셀에는 '=D12*E9'라는 계산식이 들어가 있습니다).

그림 6.30은 Solver에 대한 파라미터 설정의 예를 나타낸 것입니다. 이 예에서는 목표치로 최대/최소치가 아닌 28이라는 고정 값을 지정하고 있는 것에 주목하기 바랍니다.

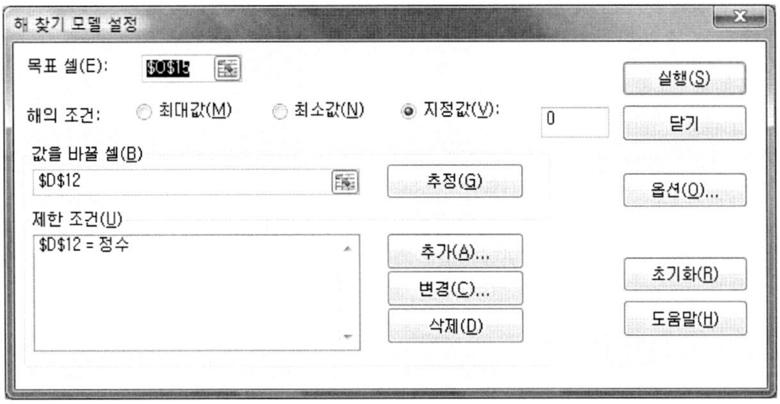


그림 6.30 파라미터의 설정 예

본래는 월별 트렌드가 전부 작년과 같다고 하는 전제는 조금 억지라고 생각할 수 있지만, Solver의 파라미터 설정에서 목적 셀은 하나밖에 지정할 수 없는 것(매월 셀을 복수로 설정할 수 없다)과 어디까지나 예산책정을 위하여 거기까지 높은 정확도가 필요하지 않기 때문에 이 조건을 적용하였습니다.

그림 6.31은 Solver에 대한 결과입니다. 연말의 재고가 2.8개월분으로 되어 있고, 각각의 월에 필요한 주문대수가 들어가 있는 것을 알 수 있습니다. 실제로는 이것을 지침으로 하여 다소의 미세한 조정을 하였지만, 예산책정 작업의 객관적인 기준작성 단계에서 매우 도움이 되었습니다.

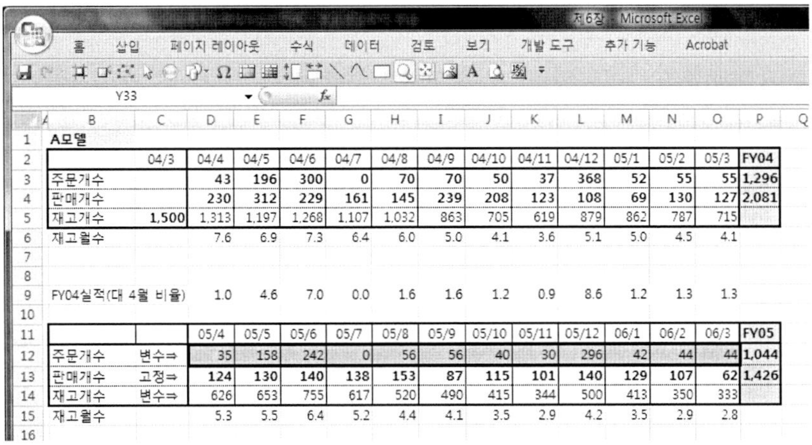


| | A | B | C | D | E | F | G | H | I | J | K | L | M | N | O | P |
|---|---|---|---|---|---|---|---|---|---|---|---|---|---|---|---|---|
| 1 | | A모델 | | | | | | | | | | | | | | |
| 2 | | | 04/3 | 04/4 | 04/5 | 04/6 | 04/7 | 04/8 | 04/9 | 04/10 | 04/11 | 04/12 | 05/1 | 05/2 | 05/3 | FY04 |
| 3 | | 주문개수 | | 43 | 196 | 300 | 0 | 70 | 70 | 50 | 37 | 368 | 52 | 55 | 55 | 1,296 |
| 4 | | 판매개수 | | 230 | 312 | 229 | 161 | 145 | 239 | 208 | 123 | 108 | 69 | 130 | 127 | 2,081 |
| 5 | | 재고개수 | 1,500 | 1,313 | 1,197 | 1,268 | 1,107 | 1,032 | 863 | 705 | 619 | 879 | 862 | 787 | 715 | |
| 6 | | 재고월수 | | 7.6 | 6.9 | 7.3 | 6.4 | 6.0 | 5.0 | 4.1 | 3.6 | 5.1 | 5.0 | 4.5 | 4.1 | |
| 7 | | | | | | | | | | | | | | | | |
| 8 | | | | | | | | | | | | | | | | |
| 9 | | FY04실적(대 4월 비율) | | 1.0 | 4.6 | 7.0 | 0.0 | 1.6 | 1.6 | 1.2 | 0.9 | 8.6 | 1.2 | 1.3 | 1.3 | |
| 10 | | | | | | | | | | | | | | | | |
| 11 | | | | 05/4 | 05/5 | 05/6 | 05/7 | 05/8 | 05/9 | 05/10 | 05/11 | 05/12 | 06/1 | 06/2 | 06/3 | FY05 |
| 12 | | 주문개수 | 변수⇒ | 35 | 158 | 242 | 0 | 56 | 56 | 40 | 30 | 296 | 42 | 44 | 44 | 1,044 |
| 13 | | 판매개수 | 고정⇒ | 124 | 130 | 140 | 138 | 153 | 87 | 115 | 101 | 140 | 129 | 107 | 62 | 1,426 |
| 14 | | 재고개수 | 변수⇒ | 626 | 653 | 755 | 617 | 520 | 490 | 415 | 344 | 500 | 413 | 350 | 333 | |
| 15 | | 재고월수 | | 5.3 | 5.5 | 6.4 | 5.2 | 4.4 | 4.1 | 3.5 | 2.9 | 4.2 | 3.5 | 2.9 | 2.8 | |
| 16 | | | | | | | | | | | | | | | | |

그림 6.31 Solver의 결과

이상 몇 개의 예를 소개하였는데, 아직도 응용할 수 있는 범위는 많이 있습니다. 일상의 실무에서 익숙해지면 작은 일에도 Solver에 의한 모델을 쉽게 만들게 될 것이라고 생각합니다. 이것에 의하여 지금까지 시간이 많이 들어갔던 업무에 대하여 많이 단축되는 것은 아닐까요? 꼭 기회를 찾아 다양한 케이스를 시험해보기 바랍니다.

# 07
# 기대치와 Decision Tree

이 장에서는 기대치라는 방식에 기초를 둔 의사결정나무(디시전트리, Decision Tree)에 대하여 알아보겠습니다. 많은 비즈니스스쿨에서도 다루고 있는 이 툴의 방식을 이해함으로써 복잡한 선택사항의 분석이나 '정보의 가치'에 대한 산출까지 응용할 수 있습니다. 동시에 감도분석에 관한 방법도 알아보겠습니다.

# 기대치와 Decision Tree

## 7.1 기대치란

기대치란 복수(때로는 무한)의 불확실한 이벤트(사건)가 장래에 일어날 경우에 그것의 확률이나 결과를 가미한 가치는 얼마나 될 것인가를 산출하는 방법입니다. 이 장에서의 키워드는 '불확실성(uncertainty) 아래에서의 의사결정'이라고 할 수 있습니다.

말로 설명하면 이해하기 어려울 수 있기 때문에 예를 들어 설명합니다. 그림 7.1은 연말에 발매된 복권의 뒷면에 있는 당첨수와 그 금액입니다. 이 복권은 한 장에 300원에 발매하였습니다. 그러면 이 복권 한 장의 기대치 즉, 계산상의 가치(여기서는 코스트=가치로 생각합니다)는 얼마라고 생각합니까? 기대치의 방식을 이용하면 정확히 이 당첨 금액으로 확률을 산출하는 것이 가능해집니다. 물론 판매액인 300원보다 낮다는 것을 쉽게 예상할 수 있지만, 대체 얼마큼 본래의 가치를 반영하여 프리미엄을 주고 있는지 생각한 적이 있습니까?

| 등급 | 당첨금 | 장 수 |
|---|---|---|
| 1등 | 200,000,000원 | 1장 |
| 1등 앞뒤번호 | 50,000,000원 | 2장 |
| 1등과 조가 다름 | 100,000원 | 99장 |
| 2등 | 100,000,000원 | 2장 |
| 3등 | 1,000,000원 | 10장 |
| 4등 | 100,000원 | 100장 |
| 5등 | 3,000원 | 100,000장 |
| 6등 | 300원 | 1,000,000장 |
| 행운상 | 10,000원 | 30,000장 |

(위는 1유니트(1,000만 장)당의 당첨금입니다.)

**그림 7.1** 점보 복권

기대치에서 중요한 포인트는 각 이벤트별로 '확률'과 '결과'를 해결하는 것입니다. 이 경우 이벤트는 '당첨' 또는 '당첨되지 않음'이며, '당첨'의 경우에는 또한 내역이 있고, 몇 등이라는 이벤트가 있습니다. 예를 들면 1등 당첨의 경우에 대하여 생각해봅시다. 그 '확률'은 그림 7.1 에서 1,000만 장의 복권 중에 한 장이므로 1 ÷ 1,000만=0.00001%가 됩니다. 또, '결과'는 당첨금으로 200,000,000원이 됩니다. 1등의 '기대치'는 이 확률과 결과를 곱한 결과가 됩니다. 이 경우는 200,000,000원×0.00001%=20원이 됩니다. 즉, 이 1등 당첨금의 금전적 가치(금전적 코스트)는 20원에 해당된다고 볼 수 있습니다. 이것을 각 이벤트마다 같도록 계산한 것을 곱하여 더한 결과가 이 복권 전체의 금전적 가치(코스트)를 나타냅니다.

복권의 최종적인 계산에 들어가기 전에 좀 더 단순한 예로 기대치에 대하여 감각적인 이해를 찾아보도록 하겠습니다.

예를 들면 동전을 사용하여 앞/뒤가 나오는 결과에 대하여 100원을 받을 수도 있고 받지 못할 수도 있는 내기를 상상하십시오. 만약에 '앞면'이 나오면 100원을 받고, '뒷면'이 나오면 아무것도 받을 수 없다는 단순한 규칙의 내기가 있다고 한다면, 이 내기 자체의 가치는 얼마가 되겠습니까? 바꿔 말하면 이 내기를 함에 있어 얼마를 지불하고 참가하면 경제적으로 이익이 될 것인가에 대하여 앞에서 기술한 기대치의 방식을 적용하여 보겠습니다.

|  | 확률 | × | 결과 | = | 기대치 |
|---|---|---|---|---|---|
| '앞면'이 나오는 이벤트 : 50% | × | | 100원 | = | 50원 |
| '뒷면'이 나오는 이벤트 : 50% | × | | 0원 | = | 0원 |
| 이 이벤트의 기대치 | | | (50원＋0원)＝50원 | | |

이 동전 던지기 내기는 50원의 경제적 가치(기대치)가 있는 것을 알 수 있습니다. 즉, 이 내기에 지불하는 대가가 50원 미만이면 이 내기를 하는 가치가 있다고 결론을 낼 수 있습니다. 왜냐하면 이 내기에는 50원의 가치가 있으므로 이것 미만의 지불로 손에 넣을 수 있다면 그만큼 이익이 되기 때문입니다. 절반의 확률로 100원을 받을 수 있기 때문에 그 가치는 50원으로 보면 이해하기 쉽지 않을까요?

그러면 앞의 복권의 예로 돌아가 복권 1장의 기대치(코스트)에 대하여 생각해보겠습니다.

**표 7.1 복권의 기대치**

|  | 당첨금(원) | 장수(장) | 당첨확률 | 기대치(원) |
|---|---|---|---|---|
| 1등 | 200,000,000 | 1 | 0.00001% | 20 |
| 1등 앞뒤번호 | 50,000,000 | 2 | 0.00002% | 10 |
| 1등과 조가 다름 | 100,000 | 99 | 0.00099% | 0.99 |
| 2등 | 100,000,000 | 2 | 0.00002% | 20 |
| 3등 | 1,000,000 | 10 | 0.00010% | 1 |
| 4등 | 100,000 | 100 | 0.00100% | 1 |
| 5등 | 3,000 | 100,000 | 1.00000% | 30 |
| 6등 | 300 | 1,000,000 | 10.00000% | 30 |
| 행운상 | 10,000 | 30,000 | 0.30000% | 30 |
| | 모수 | 10,000,000 | | 142.99 |

표 7.1을 보면 앞의 기대치의 방식, 즉 각각의 사건(이 경우 각 당첨의 종류)에 대하여 확률×리턴을 계산하여 그 결과를 기대치로 하는 방법으로 산출하고 있습니다. 그 합계가 142.99원이 되었습니다. 즉, 이 복권의 발매금액은 300원이지만 그 금전적 가치(코스트)는 142.99원이 되는 것입니다. 남은 157.01원은 판매자의 마진이라고 할까요? '꿈'의 대가라고 할까요? 이 꿈에 대가를 치러야 할지 여부, 치러야 한다면 얼마가 타당한지는 각각의 판단에 맡김으로

써 어디까지나 객관적으로 계산을 하면 가치는 142.99원이라는 사실은 변하지 않습니다. 어떻습니까? 높다고 생각합니까? 타당한 것 같습니까?

조금 이야기는 빗나갔지만 이 복권에 당첨될 확률은 몇 %가 되겠습니까? 표 7.1의 당첨확률 합계를 계산하면 되겠죠? 이것은 약 11.3%가 됩니다. 바꿔 말하면 약 88.7%는 벗어났다는 것이 됩니다. 다시 숫자로 보면 여러 가지로 생각할 수 있습니다. 이 확률이 높다고 생각하는지 낮다고 생각하는지는 사람의 취향에 따르는 부분이기도 합니다.

복권을 예로 불확실성 아래에서 기대치의 방법을 보았습니다. 이와 같이 장래에 어떻게 될지 모르는, 즉 불확실성이 존재하는 상황에서 무언가의 의사결정을 하지 않으면 안 되는 상황은 현실에 많이 존재합니다. 확률의 가정을 두는 것으로 이들의 상황을 정량화하여 의사결정에 도움이 된다고 하는 방법입니다.

## 7.2 Decision Tree

우선은 예제를 보겠습니다. 여러분은 이 문제에 대하여 어떤 의사결정을 내리겠습니까?

**[문제]**

눈앞에 A, B 두 개의 납품 안건이 있습니다. A 안건은 확실하게 50대를 즉시 납품할 수 있습니다. 한편 B의 입찰안건은 30%의 확률로 수주할 수 있는데, 이 경우 100대를 납품할 수 있지만 수주할 수 없다면 30대만 납품할 수 있습니다. 모두 같은 제품으로 단가나 수익은 다르지 않습니다. 어떤 것을 선택하겠습니까?

필자가 입학한 비즈니스스쿨에서는 의사결정의 필수과목 중에서 확률과 통계의 기초를 대략적으로 배운 후에 의사결정나무(Decision Tree)에 대하여 매우 심도 있게 배울 기회가 있었습니다. 이 Decision Tree라는 것은 장래 일어나는 현상을 나뭇가지처럼 점점 갈라지게 그려, 기대치의 방법을 이용하여 어느 가지를 선택하면 가장 높은 기대치를 얻을 수 있는가에 대한 의사결정을 위한 툴입니다. 앞에서 다룬 복권의 예와 같이 장래의 이벤트가 1단계만이 아닌, 즉 동시에 모든 결과가 나타나는(1등 당첨인지 아닌지, 4등 당첨인지는 한 번에 그 결과가 나타납니다) 경우에는 Excel을 사용하여 기대치를 계산하는 것은 쉽지만, 현실에서는 이벤트가 복수의 단계를 걸치는 것이 많다고 생각합니다. 예를 들면 우선 제1단계에서 '내일은 맑을 것인가, 구름일까, 비일까'라는 불확실성이 있다고 합시다. 다음에 제2단계에서 '만약에 맑다면…또는 XXXXX를 할 것이다', '만약에 구름이면…를 할 것이다' 그래서 '만약에 비가 조금 오면 ○○○를 하고 큰비가 오면 △△△를 할 것이다'라는 선택이나, 다른 불확실성이 있거나 합니다. 이것이 제3단계, 제4단계…가 되면 안타깝지만 Excel에서는 속수무책입니다. 여기서 이 복잡한 경우에 대한 분류를 체계적으로 표기·계산하는 툴로서 Decision Tree를 쉽게 그릴 수 있고, 기대치를 기준으로 의사결정을 하는 소프트웨어가 큰 역할을 합니다. 안타깝지만 필자가 알고 있기로는 무료로 이 소프트웨어를 입수할 수 있는 것은 없기 때문에 필요한 경우에는 구매할 필요가 있습니다. 필자도 비즈니스스쿨 시절부터 가지고 있는데 여러 가지로 편리합니다. 돈을 지불하면서까지… 라고 생각하는 쪽도 많다고 생각되지만, 이 장에서는 반드시 Decision Tree를 전용 소프트웨어로만 다루지 않고, 필요한 방법과 발상을 소개하겠습니다. 이것을 알고 있는 것만으로도 다양한 의사결정 장면에서의 올바른 견해를 가질 수 있습니다.

Decision Tree에서는 말로 설명하는 것보다 그림을 보면서 설명하는 쪽이 이해하기 쉽다고 생각되므로 앞의 예제를 반영한 그림 7.2를 사용하여 설명하겠습니다.

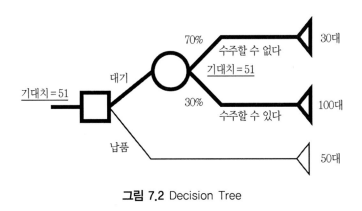

**그림 7.2** Decision Tree

Decision Tree는 왼쪽에서 오른쪽으로 시간이 경과하는 것처럼 그려져 있습니다. 그래서 무엇인가의 '선택'이 필요한 포인트를 사각(□)으로, 어느 확률에 따라 일어날 수 있는 복수의 이벤트를 원(○)으로 표현합니다. 마지막으로 가장 오른쪽에 각 케이스의 정량적인 결과를 표기하도록 되어 있습니다. 다른 말로 바꾸면 □은 인간의 의사가 필요한 선택, ○은 인간의 의사와는 관계없이 일어나는 불확정요소를 나타내고 있다고 말할 수 있습니다.

구체적으로 예에서는 우선 왼쪽에서 오른쪽으로 향해 처음부터 □에 부딪힙니다. 여기서는 납품을 '대기'할 것인지 '납품'할 것인지의 '선택'이 이루어지게 됩니다. 지금 바로 이 문제에서 질문하고 있는 것이 이 선택입니다. 그래서 만약에 '대기'를 선택한 경우에는 다음에 ○과 마주칩니다. 이 ○은 2개가 일어날 수 있는 이벤트와 연결되어 있습니다. 이 이벤트라는 것은 70%의 확률로 '수주할 수 없다', 30%의 확률로 '수주할 수 있다'라는 설정으로 되어 있습니다. 그리고 마지막에 가장 오른쪽의 결과에 이르게 됩니다. 즉,

**(케이스 1)** 만약 납품을 대기, 결과적으로 수주할 수 없으면 30대를 납품
**(케이스 2)** 만약 납품을 대기, 결과적으로 수주할 수 있다면 100대를 납품
**(케이스 3)** 만약 즉시 납품을 하면 50대를 납품

이라는 문제에 쓰여 있던 케이스 전부를 시각적으로 나타내고 있습니다.

그래서 문제를 Decision Tree를 사용하여 바꿀 수 있었습니다.

다음에 기대치를 계산하여야 합니다. Decision Tree를 작성하는 것과 다르게 기대치의 계산은 가장 오른쪽의 결과에서 왼쪽을 향해 계산하게 됩니다. 우선은 '수주할 수 있다/할 수 없다'의 이벤트만을 대상으로 하는 기대치를 계산하도록 하겠습니다. 수주할 수 없는 경우의 기대치와 할 수 있는 경우의 기대치를 합하면 다음과 같이 됩니다. 덧붙여서 여기서는 복권의 예와 같이 결과는 금전적인 것이 아닌 대수라는 다른 단위를 사용하고 있지만 방법은 전부 같습니다.

입찰이벤트의 기대치 : 30대 × 70% + 100대 × 30% = 51대

다음에 □으로 표현된 '선택'에 대하여 생각해보겠습니다. 앞의 51대라는 기대치와 즉시 납품하여 얻을 수 있는 결과인 50대를 비교하면 51대 쪽이 얻어지는 가치가(1대) 높아지게 됩니다. 의사결정자는 당연히 높은 가치를 선택하게 되므로

**(케이스 1)** 만약 납품을 대기, 결과적으로 수주할 수 없으면 30대를 납품
**(케이스 2)** 만약 납품을 대기, 결과적으로 수주할 수 있다면 100대를 납품

을 포함한 납품을 가진 케이스가 가장 기대치가 높은 결과가 얻어집니다. 여기서 의사결정자는 '케이스 1, 2로 이어지는 선택사항을 선택'해야 한다는 결론이 됩니다. 또, 그때의 기대치는 51대가 됩니다. 어떻습니까? 여기서는 비교적 간단한 예를 이용하였지만, 선택사항의 수나 일어날 이벤트의 수가 많을 때에는 매우 유용한 툴이 됩니다.

그러면 상용소프트웨어를 사용한 Decision Tree의 예를 참고로 보시기 바랍니다. 그림 7.3은 Palisade사(www.palisade.com)의 Precision Tree라는 소프트웨어를 사용하여 작성한 Decision Tree의 예입니다. 매년 어느 일정한 확률로 해고당하는 리스크를 안고 있어도 높은 임금을 목표로 하여 외국계기업으로 전직할 것인지, 아니면 일자리는 보증되지만 낮은 임금＋매년 일정비율의 승급이 약속된 국내 대기업으로 전직할 것인지 다음의 요소를 파라미터(변수)로 하여 지정한 모델입니다.

- 국내기업의 첫해 연봉(아래의 예에서는 500만 원)
- 국내기업의 임금상승률(동 5.00%)
- 외국계기업에서의 매년 해고당하는 비율(동 80%)

이 모델에서 외국계기업에서는 매년 2,500만 원의 고정연봉, 한 번 해고가 되면 다음 일에는 종사할 수 없음(즉 수입이 없다) 및 지금부터 6년간의 기간을 구분하여 비교하는 것을 전제조건으로 하고 있습니다. 결과적으로는 상기의 전제에서는 국내기업으로 전직하는 쪽에 손을 들고 있습니다.

다음에 Decision Tree의 응용에 대하여 알아보겠습니다. Decision Tree는 단순히 불확정 요소를 포함한 의사결정 툴만이 아닌 목적한 대로 응용함으로서 다양하고 유익한 결과를 가져다줍니다.

### [응용 1] 정보의 가치

앞의 예에서 만약 이 입찰안건의 결과를 먼저 안다고 한다면 자신의 포지션은 어떻게 달라지겠습니까?(바꿔 말하면 입찰안건의 결과에 관한 '정보의 가치'는 얼마(이 경우 몇 대분)나 된다고 생각할 수 있겠습니까?)

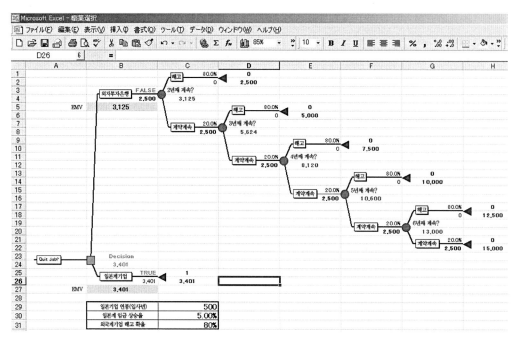

**그림 7.3** 소프트웨어를 사용한 Decision Tree의 예

이 문제를 읽고 이것이 어떻게 Decision Tree와 관련이 있을까? 하는 의문을 갖게 될 것입니다. 힌트는 시간적인 순서(이것을 시계열이라 말합니다)의 차이입니다. 앞의 예에서는 우선 직면하는 것이 입찰을 '대기'할 것인지 '납품'할 것인가라는 의사결정이었습니다. 이번에는 우선 직면하는 것이 입찰안건의 결과입니다. 물론 '결과를 알고 있다'와 '수주할 수 있다'라는 것은 전혀 다른 문제입니다. 앞에서 만일에 입찰결과를 알고 있다고 해도 수주할 수 있는 가능성(30%)에는 변함이 없습니다. 그러면 순서대로 생각해보겠습니다.

우선 그림 7.4와 같이 시간적으로 앞에서 일어나는 것이 왼쪽에 오기 때문에 바로 직면하는 입찰결과의 판명이 그려집니다. 이때 앞에서 기술한 대로 수주할 가능성에 대해서는 영향을 주지 않습니다. 어디까지나 결과를 먼저 아는 것만의 얘기입니다. 따라서 70%, 30%에 대해서는 변하지 않습니다. 또, 수주한 경우의 리턴도 앞의 예제와 마찬가지로 100대라는 것은 변하지 않습니다. 다른 견해로 보면 미래를 완전하게 예측할 수 있는 사람이 당신에게 입찰결과를 알려 줍니다. 30%의 확률로 '수주할 수 있다'라는 답과, 70%의 확률로 '수주할 수 없다'라는 답을 받게 됩니다.

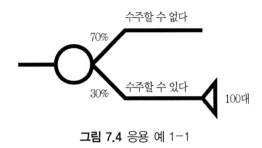

**그림 7.4** 응용 예 1-1

다음에 일어나는 사건은 무엇입니까? 수주할 수 없다는 결과를 알고 난 후의 행동입니다. 거기에는 의사결정자의 선택사항이 남아 있습니다. 즉, 기다려서 입찰할 것인가, 즉시 납품할 것 인가입니다. 예언자에 의하여 입찰결과를 알고 있는 지금, 어떤 행동을 취할 것인가는 자명하지만 굳이 마지막까지 Decision Tree를 만들어보겠습니다.

그림 7.5에 있는 것처럼 '수주할 수 없다'의 앞에는 선택을 나타내는 사각형이 옵니다. 선택사항은 직접 납품과 입찰을 기다리는 것으로 하였습니다. 이 경우에 이미 입찰을 하지 않는 것을 알고 있으므로 당연히 리턴이 큰 '납품'이 선택된 것으로 되어 있습니다.

마지막으로 오른쪽 끝의 리턴에서 왼쪽으로 향해 기대치를 계산하여 Decision Tree를 완성하였습니다. 사각형으로 나타낸 '선택'은 납품의 50대를 선택하였기 때문에(30대보다 리턴이 크기 때문에) 이 기대치는 그대로 50대. 원으로 나타낸 이벤트의 기대치는 30%의 확률로 수주할 수 있는 100대와 70%의 확률로 수주할 수 없는 것을 알고 있는 경우에 이미 납품한다고 하는 케이스의 50대로 각각의 확률을 맞춘 것이 됩니다(그림 7.6). 기대치의 계산은 다음과 같이 됩니다.

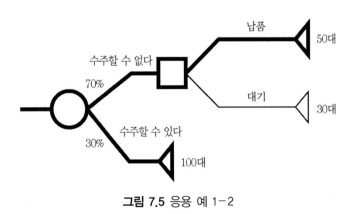

**그림 7.5** 응용 예 1-2

$$70\% \times 50대 + 30\% \times 100대 = 65대$$

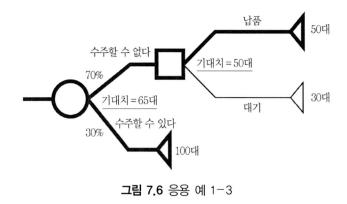

**그림 7.6** 응용 예 1-3

이 결과를 처음 예의 결과인 기대치와 비교해보십시오. 처음 예에서는 51대였습니다. 그것이 사전에 '입찰결과'라는 정보를 입수함으로써 기대치가 65대로 올라갔다고 할 수 있습니다. 이 14대의 차이가 '입찰결과'의 정보가치가 되는 것입니다. 이번의 예에서는 단위가 대수였지만, 이것이 금액이라면 더 직접적으로 그 가치가 나타날 것입니다.

또, 이번의 결과를 바꿔 말하면 13대 이하의 금액이면 그 정보(입찰결과)는 구매할 가치가 있다는 것을 나타내고 있습니다. 바로 '정보'라는 가치를 정확하게 수치화하여 그 대가로서 파악한다는 강력한 툴이 될 수 있습니다.

### [응용 2] 불확실한 정보의 가치

다음으로 응용 1을 다시 응용하는 것을 생각해보겠습니다. 앞의 응용에서는 입찰결과를 100%의 정확도로 사전에 알고 있는 것을 전제로 하였습니다. 그러나 입찰결과가 담합에 의한 것으로 이미 내정자가 확정되어 있으며, 다시 내부밀고자가 있어 이 결과를 누설하지 않는 한 100% 신뢰할 수 있는 정보라고는 단언할 수 없을 것입니다. 실무에서도 컨설턴트의 조언이나 모든 분석가들의 예측이 힘이 되는 정보라고는 하지만 100% 올바른 미래를 맞힐 수 있는 상황이라는 것은 매우 희박한 것이 아니겠습니까?

그러면 보다 현실에 가까운 형태로 이 Decision Tree를 만들어 바꿔 보겠습니다. 예를 들면 이 정보의 당첨 확률을 80%로 추산한 경우에 조금 전의 14대라는 정보의 가치에 영향이 있겠습니까? 이 예에서 80%라는 정답률은 일반적으로는 이 정보원인 회사(또는 사람)의 과거의 예측과 실적과의 비율 등으로 산출할 수 있습니다. 여기서 구하는 (불확실한) 정보의 가치는 신뢰도(정확도)가 낮아, 100% 정확한 정보의 가치에 비하여 낮고 당연하다는 생각이 자연스럽습니다. 그러면 Decision Tree에서는 어떻게 고려하여 반영하면 좋을까요?

우선 지금까지와는 다르게 확률의 견해를 조금 바꿀 필요가 있습니다. 즉, 이 정보가 '수주할 수 있다고 했을 때 정말로 수주할 확률은 얼마일까?'와 '수주할 수 없지만, 정말로 수주할 결과가 되는 확률은 얼마일까?'라는 확률을 계산할 필요가 있습니다. 이와 같은 확률을 조건부 확률이라 합니다. 그러면 순서대로 고려해보도록 하겠습니다.

이 정보원이 '수주할 수 없다고 말하는' 확률은 얼마일까요? 이것에는 다음과 같이 2개의 케이스가 있습니다.

**(케이스 1) 정말로 수주할 수 없는 결과인 경우**

$$70\% \quad \times \quad 80\% \quad = \quad 56\% \qquad \cdots (A)$$

(정말로 수주할 수 없는 확률) × (그것을 알아맞히는 확률)

**(케이스 2) 정말로 수주할 수 있는 결과의 경우**

$$30\% \quad \times \quad 20\% \quad = \quad 6\% \qquad \cdots (B)$$

(정말로 수주할 수 있는 확률) × (예측이 벗어난 확률)

위의 2가지 케이스의 합계가 '수주할 수 없다고 하는' 확률이므로 62%(=56%+6%)가 됩니다. 전부 같은 방법으로 이 정보원이 '수주할 수 있다고 하는' 확률은

$30\% \times 80\% + 70\% \times 20\% = 38\%$가 됩니다.

(조금 전의 '수주할 수 없다고 하는' 확률의 62%와 더하면 100%가 됩니다)

이상의 계산프로세스를 개념적으로 나타낸 것이 그림 7.7입니다.

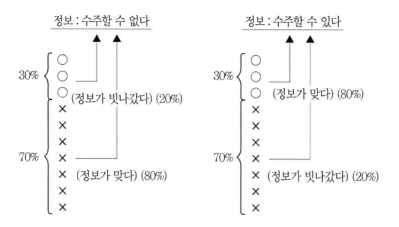

정보 : 수주할 수 없다

30% {
○
○
○ (정보가 빗나갔다) (20%)
×
×
×
70% {
×
× (정보가 맞다) (80%)
×
×

정보 : 수주할 수 있다

30% {
○
○
○ (정보가 맞다) (80%)
×
×
×
70% {
×
× (정보가 빗나갔다) (20%)
×
×

○ : 정말로 수주할 수 있는 경우
× : 정말로 수주할 수 없는 경우

**그림 7.7** 조건부 확률의 계산개념도

그러면 다음과 같은 4가지의 패턴에 대하여 조건부 확률을 계산해보겠습니다.

(1) '수주할 수 없다'는 정보가 있는 경우에 정말로 수주할 수 없는 확률

$$\frac{(A)}{(A)+(B)} = \frac{56\%}{56\%+6\%} = 90\%$$

(2) '수주할 수 없다'는 정보가 있는 경우에 정말로 수주할 수 있는 확률

$$\frac{(B)}{(A)+(B)} = \frac{6\%}{56\%+6\%} = 10\%$$

(3) '수주할 수 있다'는 정보가 있는 경우에 정말로 수주할 수 있는 확률

$$\frac{24\%(=30\%\times80\%)}{38\%} = 63\%$$

(4) '수주할 수 있다'는 정보가 있는 경우에 정말로 수주할 수 없는 확률

$$\frac{14\%(=70\%\times20\%)}{38\%}=37\%$$

이상의 방식과 계산은 집합·확률론을 알고 있다면 베이즈정리(Bayes' theorem)를 사용하여 똑같이 산출할 수 있습니다.

표 7.2는 위의 정보를 정리한 것입니다.

**표 7.2** 불확실한 정보의 확률

| 정보의 내용 | 실제의 결과 | | 합계 |
| --- | --- | --- | --- |
| | 수주할 수 있다 | 수주할 수 없다 | |
| 수주할 수 있다 | 63% | 37% | 100% |
| 수주할 수 없다 | 10% | 90% | 100% |

그림 7.8에 위의 계산결과를 추가한 Decision Tree를 표시하였습니다. 결론으로서 전체의 기대치는 59대가 되며, 100% 확실한 정보를 바탕으로 한 기대치인 65대와 어떤 정보도 없는 기대치 51대의 사이에 있어 당초 예상한 것과 같은 결과가 구해졌습니다. 따라서 이 80%의 정확한 정보는 8대분(=59대-51대)의 가치가 있다는 것을 알 수 있습니다.

이것을 다른 시점에서 보면, 이미 앞의 예에서 본 것처럼 어떠한 정보도 없는 상황에서는 그 기대치에서 '입찰을 대기'하는 선택이 '즉시납품'의 선택보다도 좋은 결론이었습니다. 그런데 이번 80%의 정확도라면 '수주할 수 없다'는 정보를 얻는 것에 의하여 '즉시납품'이라는 선택사항으로 변합니다(그림 7.8의 상단 절반을 참조). 이 경우에 의사결정자는 '수주할 수 없다'는 정보가 아니라면 입찰을 기다려 기대치 37대라는 결과가 되는 것과  정보에 따라 '즉시납품'을 선택하여 50대라는 기대치를 실현할 수 있게 됩니다. 이 차이(13대=50대-37대)로 정보원이 '수주할 수 없다'고 말하는 확률 62%를 곱하여 8대(=13대×62%)라는 '정보의 가치'를 산출할 수 있게 됩니다. 방금 전에 계산한 결과와 완전히 일치하는지 확인하여 보십시오. 왜 62%를 곱하는가 하면 정보를 얻는 것에 따른 이익은 정보가 '수주할 수 없다'고 말하는 케이스만 들어맞기 때문입니다. 따라서 이 케이스가 일어나는 확률인 62%를 곱하고 있습니

다. '수주할 수 있다'는 정보를 얻은 경우에는 정보가 없는 경우와 마찬가지인 선택사항, 즉 '입찰 대기'라는 선택을 하기 때문에 이 경우의 '정보의 가치'는 의사결정자에 의해 없어지게 됩니다.

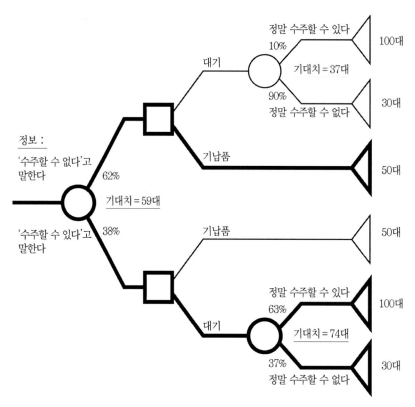

**그림 7.8** 정보의 정확도가 80%인 경우의 Decidion Tree

## 7.3 Decision Tree의 한계

지금까지 Decision Tree의 다양한 효과에 대하여 알아보았습니다. 이것들이 직감이나 단순한 개산(概算)에 비하여 훨씬 유용한 정보를 의사결정자에게 제공하는 것은 말할 필요도 없을 것입니다. 그렇지만 다른 모델과 마찬가지로 Decision Tree분석도 100% 완벽한 것은 아님니다. 지금까지의 예를 통해 보면서 어떤 점에서 그 한계가 있다고 생각합니까? 구체적으로 예를 들면 다음과 같은 한계가 있습니다. 그러나 다시 한 번 반복하지만 한계가 있다고 해서 Decision Tree가 의사결정 모델로서의 의미를 현저하게 해치는 것은 아닙니다. 포인트는 한계를 알고 모델을 만들어 그 결과를 해석하는 것이 중요하기 때문입니다.

### 7.3.1 Decision Tree의 한계 예

#### (1) 리스크허용도(Risk Tolerance)를 고려하지 않는다

이 점에서 간단한 예를 들어보겠습니다. 다음과 같은 선택사항이 주어진 경우, 당신은 어떤 것을 선택하겠습니까?

(a) 바로 50원을 받을 수 있다.

(b) 50%의 확률로 100원을 받을 수 있지만, 50%의 확률로 아무것도 받을 수 없다.

기대치에 있어서는 (a), (b) 모두 50원으로 같습니다. 그런데 사람에 따라서 (a)를 선택하는 사람과 (b)를 선택하는 사람으로 나뉘게 된다는 것을 쉽게 상상할 수 있습니다. 덧붙여서 필자는 (a)를 선택합니다. 이것은 단순히 개인차의 문제이지만 이 '개인차'의 내용이 리스크 허용도입니다. 즉, (a)에는 리스크가 하나도 없지만 (b)에는 결과가 어느 한쪽으로 쏠리는 리스크가 존재합니다. 경제적으로는 기대치가 같은 선택사항에서도 리스크의 정도는 전부 다릅니다. 리스크를 싫어하는 경향이 있는 사람은 (a)를 선택하여 확실하게 위험이 없이 50원을 손에 넣겠지만, 어느 정도의 리스크가 있어도 고소득을 얻을 가능성을 즐기는 사람은 (b)를 선택할 것입니다. 다른 예로는 자신의 금융자산을 고위험, 고소득(high−risk, high−return)의 외국주 등에 투자하여 높은 운용수익을 올리는 사람과 정기예금으로 우선 첫째로 원금 손실을 분산하는 사람처럼, 그 사람의 리스크에 대한 지향은 천차만별입니다. 같은 금액이라도 그 사람의 액수에 대한 인식의 차이에 따라서도 결과가 다르게 나타납니다. Decision Tree는 기대치만을 베이스로 모델화되어 있기 때문에 이 리스트 허용도라는 것을 고려하지 않고 있다고 할 수 있습니다.

이 영향을 다음의 예를 통하여 알아보겠습니다. 당신은 다음 선택사항 중에서 어느 것을 선택하겠습니까?

(a) 바로 100만 원을 받을 수 있다.

(b) 4%의 확률로 2,000만 원을 받을 수 있지만, 96%의 확률로 20만 2,020원을 받을 수 있다.

어떻습니까? 앞의 예보다도 (a)를 선택하는 사람의 비율이 늘어날 것으로 추측하는데 어떻습니까? 여기서도 기대치는 (a), (b) 공히 같습니다. 무엇이 바뀐 것일까요? (b)의 리스트 폭이 커져 있기 때문에 앞의 예보다도 (b)가 보다 높은 리스크의 선택사항으로 되어 있는 것입니다. 이것에 의하여 앞의 예에서는 (b)를 선택한 사람도 자신의 리스크 허용도를 넘어선 사람은 (a)로 옮겼다고 생각됩니다. 이 리스크 폭을 점점 넓히면 넓힐수록 이 경향은 강해지게 됩니다. 이와 같이 리스크에 대해서는 특히 그 리스크 폭이 넓으면 넓을수록 의사결정에 대한 임팩트는 커지게 됩니다.

그렇다면 이 리스크 요인을 포함하여 모델링을 할 수 없는가?라는 의문이 들게 될 것입니다. 필자는 이 방법에 아직 한계가 있다고 생각되지만, 있기는 있습니다. 이 책에서는 상세하게 설명할 수 없지만 비즈니스스쿨에서도 이 리스크 요인을 포함한 리턴을 'Utility Function'이라는 함수를 이용하여 리스크 허용도를 반영하고 있지 않는 리턴을 리스크 허용도를 고려한 리턴으로 변환합니다. 또, 이 함수는 사람 개개인의 리스크 허용도를 반영하도록 되어 있습니다.

간단하게 Utility Function에 대하여 소개하도록 하겠습니다. 그림 7.9가 지수함수에 근거한 Utility Function 함수의 예를 그래프화한 것입니다. 가로 축의 리턴은 리스크를 고려하지 않은 원래의 리턴입니다(참고 그래프이기 때문에 특히 구체적인 실제 예를 이용하지 않고 가정으로 1에서 19의 리턴으로 하고 있습니다). 세로축이 리스크 허용도를 고려하여 변환한 리턴입니다(이것을 Utility라 부릅니다). 그래프에서 알 수 있듯이 리턴이 작을 때에는 리턴이 적게 증가하면 Utility는 크게 증가하지만, 오른쪽으로 갈수록 리턴이 증가하는 양에 비하여 Utility가 증가하는 정도가 서서히 줄어들고 있습니다. 즉, 리턴이 증가하는(＝리스크가 증가한다) 것에 동반하여 거기에서부터 누리는 메리트(＝Utility)의 정도는 감소하고 있다는 것을 나타내고 있습니다. 이 그래프 곡선의 휘어진 상태는 그 사람의 리스크 허용도에 따라 다릅니다.

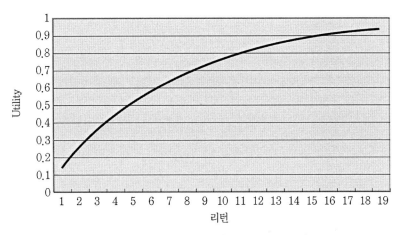

**그림 7.9** Utility Function(지수함수의 경우)

## (2) 감도분석

지금까지 본 Decision Tree를 다시 한 번 보겠습니다. 'XXX가 일어날 가능성을 △△%로 하여…'라는 전제하에 만들고 있습니다. 만약에 이 전제가 모델 작성자의 자의적인 판단으로 왜곡되어 있다고 한다면 아무리 정확한 모델을 만들어도 그 결과에 대한 신뢰성은 그리 높지 않게 됩니다. 결과적으로 의사결정자의 정확한 의사결정을 왜곡시킬 수 있게 됩니다. 이것에 대한 처리방법으로는 감도분석(Sensitivity Analysis)이 있습니다. 즉, 모델을 작성할 때에는 잠정적으로 어떤 사건이 일어나는 확률을 60%로 하였을 때, 만약 그것이 55%, 45%… 등으로 변할 때에 결과가 어떻게 바뀔 것인가를 분석합니다. 이와 같이 5% 단위로 그때마다 계산하는 것이 가장 확실한 방법이긴 하지만 효율적이지 않습니다. Decision Tree 전용의 소프트웨어 에서는 이것을 그래프로 표시할 수 있는 기능이 내장되어 있어 결과에 영향이 있는 변수가 몇 곳이냐는 것을 표시합니다. 이것에 의하여 처음에 설정한 확률의 가정이 실제와 어긋나 있어도 결과에 변함이 없는지를 확인할 수 있습니다. 그림 7.10~7.12에 감도분석의 결과에 대한 예를 표시하였습니다. 이것은 앞에서 소개한(그림 7.3 참조) 국내기업과 외국계기업의 이직 선택문제의 결과에 대한 감도분석입니다.

이 예에서는 전제로 한 국내기업의 첫해 연봉을 얼마로 할 것인지에 따라 결과가 어떻게 변하는지를 나타내고 있습니다. 여기서는 가로축이 50만 원 단위로 만약에 이 전제를 500만 원이 아니라 450만 원 아래로 둔다면 결과가 바뀌는 것을(즉, 외국계기업으로의 이직이 유리) 나타내고 있습니다.

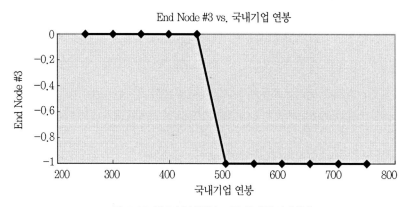

**그림 7.10** 감도분석(변수 : 국내기업의 연봉)

같은 외국계기업에서 해고되는 확률을 변수로 한 감도분석결과가 그림 7.11에 표시되어 있습니다. 이것에 따르면 매년 해고되는 확률이 70%가 안 되면 결론이 반전되어 외국계로의 이직이 유리하게 되는 것을 나타내고 있습니다.

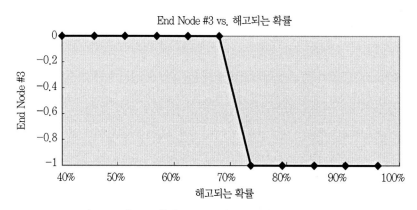

**그림 7.11** 감도분석(변수 : 외국계기업에서 해고되는 확률)

그림 7.12는 변수를 국내기업에서의 매년 임금상승률로 본 것입니다. 이것에 따르면 상승률이 3% 이하이면 결론이 반전되어 외국계기업으로의 이직이 유리하다는 결론이 되는 것을 타나내고 있습니다.

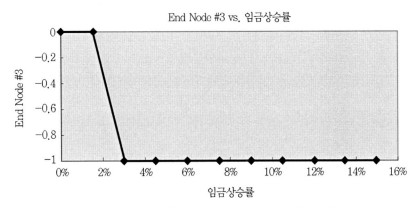

**그림 7.12** 감도분석(변수 : 국내기업에서의 임금상승률)

이상과 같이 어느 하나의 변수를 꺼내고 다른 조건을 일정하게 함으로써 그 변수의 변화에 따라 결론이 변하는지 아닌지 또, 변한다면 어느 포인트에서 변하는지를 그래프로 나타내줍니다. 이것에 의해 자신이 처음에 정한 가정이나 전제를 재검토하거나 확인하여 하나의 결론만으로는 알 수 없는 보다 속 깊은 시사를 얻을 수 있습니다.

## (3) 유한개수의 분기

앞의 감도분석과도 관련이 있지만 Decision Tree에서는 어느 분기도 유한개수로 되어 있습니다. 예를 들면 일어날 수 있는 현상이 '0%인가 50%인가 100%인가'라는 3개의 분기가 아닌 '0%~100%의 어딘가'라는 무한의 가능성이 있는 경우는 이 Decision Tree는 사용할 수 없습니다. 왜냐면 Tree를 무한개수로 분기시켜야 하기 때문입니다. 그림 7.13은 그 이미지를 나타낸 것입니다. 지금 바로 50달러를 받거나 모종의 확률로 0달러에서 100달러까지의 어떤 금액을 받을 것인가의 케이스입니다. 이 경우에 예를 들면 5.23 달러일지 67.8923 달러일지 아무도 모릅니다. 얼마인지 무한한 결과가 있을 수 있는 것입니다.

이와 같은 상황에 대응하는 방법이 있을까요? 이것도 비즈니스스쿨에서 선택과목으로 다루고 있는데, 몬테카를로 시뮬레이션(Monte Carlo simulation) 이라는 모델이 있습니다. Decision Tree를 만드는 것은 아니지만 그림 7.13에서 무한의 가능성이 있는 부분을 뭔가의 법칙에 근거한 확률로 규정합니다.

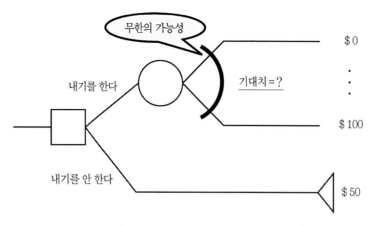

**그림 7.13** 무한선택 Tree의 이미지

예를 들면 어느 값도 같은 확률로 일어난다고 규정하거나, 정규분포에 따라서 규정하는 등 다양합니다. 이것은 실적데이터(만약에 과거의 데이터를 입수할 수 있다면)에 따라 규정(딱 들어맞는 경우는 드물어 근사합니다)하는 것이 가능합니다. 그래서 수십에서 수만 번이라는 상당히 많은 횟수의 시뮬레이션을 합니다. 그 다수의 반복 시뮬레이션 중에서 어떤 결과의 분포를 출력합니다. 물론 시뮬레이션을 한 횟수와 같은 수의 결과가 얻어지므로 하나의 결과가 아닌, 결과에 어떤 경향(분포)이 있는가를 알 수 있게 됩니다. 예를 들면 7할 정도의 결과는 10에 가까운 값이지만, 15를 넘는 결과는 1% 정도였다라는 정보를 분포도에 나타냅니다. 이것도 앞에서 소개한 Palisade사의 소프트웨어로 하는 것이 가능합니다. 이 소프트웨어에서는 과거의 데이터분포를 무엇인가의 규칙에 따른 확률분포에 근사하는 기능과 몬테카를로 시뮬레이션 실행의 기능이 내장되어 있습니다. 이 모델은 몇 개로 한정된 수의 선택사항만을 고려하는 Decision Tree보다도 보다 현실에 가깝다고 생각되지만, 실제로 어떤 확률분포를 규정하면 좋다고 하는 것은(상당히 정확도가 높은 과거의 데이터를 상당량 입수할 수 없는 한) 어느 정도 자의적으로 되어 버리는 리스크가 있다고 생각합니다. 필자도 실무에서 이용하지는 않고 있습니다.

한편으로 이 몬테카를로 시뮬레이션은 다양한 비즈니스의 불확정요소를 정량적으로 분석할 수 있기 때문에 일부 컨설턴트회사 등에 의하여 기업의 M&A 시에 기업의 가치산출에 사용하고 있습니다.

## [참고 : 기업 가치산출(Real Option과 Decision Tree)]

마지막으로 Real Option 분석과 Decision Tree에 대하여 알아봅니다. 이것에는 기업재무(corporate finance)의 지식이 필요하며, 지금까지 기술해온 Decision Tree의 논쟁에는 직접 관계가 없기 때문에 참고로 읽어주시기 바랍니다. 기업 간의 M&A 등에 쓰이고 있는 '기업가치'라는 재무개념이 있습니다. 이른바 Valuation 이라는 것입니다. 일반적으로는 Discount Cash Flow(DCF)법이라는 장래의 기대 자유현금흐름(Free Cash Flow)을 그 사업의 할인율로 되돌려 현재가치를 산출하는 방법을 다루고 있습니다. 단, 여기서는 장래 그때의 상황에 따라서 그 사업에서 철수하거나, 다른 전략을 세운다고 하는 선택사항을 고려하지 않고 같은 전제조건이 앞으로도 계속되는 것을 가정하고 있습니다. 이와 같이 불확정요소를 포함하여 고려하는 경우에 Decision Tree를 이용하면 여러 가지 확률로 일어나는 현상과 그것에 반한 의사결정자의 선택을 고려한 기대치 즉, 최종적으로 선택한 케이스의 가치를 산출할 수 있습니다. 그러나 정작 이것만으로는 Decision Tree에서는 DCF법에서 사용되는 것과 같은 시간가치에 대한 고려를 할 수 없습니다. 그렇다면 시간요소를 고려하여 어느 할인율로 되돌리면 되는가 하는 것은 그렇게 단순하지는 않습니다. 이것은 하나의 타이밍으로 의사결정자가 선택을 하면, 그에 따라 사용하는 할인율이 변하기 때문에 할인율에 관한 전제가 복잡해집니다. 그래서 리얼 옵션이라는 방식이 Valuation의 세계에서 이용되어 왔습니다.

Black-Scholes Model이라는 공식으로 결과가 산출되어 '선택권(옵션)'을 가진 것의 가치가 있다는 고려하에 그 선택권도 포함한 가치산출을 실현합니다. 물론 리얼 옵션에도 그 전제나 결과에 한계가 있다는 것도 지적되고 있어 100% 완벽한 모델을 만들어 내는 것은 어려운 것 같습니다. 관심이 있는 사람은 관련서적을 참조하여 주십시오.

# 08
# 게임이론

EXCEL

이 장에서는 자신의 의사결정에 '상대의 존재'에 대한 영향을 고려한 게임이론에 대하여 알아보겠습니다. 상대의 반응에 따라 자신이 어떤 의사결정을 하는 것이 최적인가에 대하여 분석합니다. 또, 기대치의 방식을 이용하여 상대나 자신의 리턴을 일정하게 만드는 방법에 대해서도 알아봅니다. 게임이론 자체는 무척 깊이가 있고, 현재도 계속 발전하고 있는 이론이므로 이 책에서는 대략적이고 기본적인 내용을 다룹니다.

# 게임이론

## 8.1 게임이론에 대하여

이 장에서는 게임이론의 기초에 대하여 소개합니다. 비즈니스스쿨에서 게임이론은 Decision Science의 하나라기보다 마이크로 경제학 중의 한 요소로 취급하고 있는 것이 많은 것 같습니다. 필자가 다닌 비즈니스스쿨에서도 이와 같이 되어 있습니다. 단, 근래에 비즈니스에서 게임이론의 중요성이 주목받게 됨에 따라 게임이론을 단독 과목으로 다루고 있는 곳도 생기고 있습니다.

그럼 '게임이론'이란 어떤 것일까요? 일반적으로는 복수의 사람 또는 집단(이것을 플레이어라 부른다) 사이에서 반드시 이해관계가 일치하지 않는 상황에서 합리적인 의사결정에 대하여 생각하는 수학·경제학이론의 하나입니다. 알기 쉽게 예를 들어 설명하면 장기나 바둑에서 수의 진행 방식이 이것에 가깝다고 생각됩니다. 즉, 자신의 다음 한수를 생각할 때에 '내가 이렇게 나오면 다음에 상대는 분명 이렇게 나올 것이다. 그 다음에 반드시 이렇게 되고…'와 같이 상대도 나도 자신이 이기기 위한 합리적인 수를 두는 것을 전제로, 승부의 시나리오를 생각하며 게임을 진행할 것입니다. 나와 상대의 반응에 대하여 수학적으로 생각해보려는 것이 게임이론입니다. 물론 일상의 비즈니스에서 이러한 장면이 얼마든지 많다는 것은 말할 필요도 없습니다.

게임이론은 1944년에 수학자 폰노이만과 경제학자인 모르겐슈테른의 공저인 '게임이론과 경제행동'이 발표된 것이 시초입니다. 이 중에서 'Zero-Sum Game'이라 불리는 '서로 상반되는 이해를 가지는 2인 게임의 경우, 한쪽의 이익은 상대방의 손실을 가져오게 되어, 두 경쟁자의 득실을 합하면 항상 영 또는 일정한 값이다'고 하는 이론의 전개가 이루어졌습니다. 예를 들면 가위 바위 보가 여기에 속합니다. 승자의 몫을 +1, 패자의 손실을 −1로 하면, 2인의 총득점은 언제나(+1과 −1을 더하면) 0이 되기 때문입니다.

그 후, 1994년에 존 내시(John F. Nash)에 의해 반드시 Zero-Sum Game이 아닌 상황에서의 게임이론에 관한 논문이 발표되었습니다. 존 내시는 영화 '뷰티풀 마인드(A Beautiful Mind)'의 주인공으로 그려진 인물로 이 논문으로 노벨경제학상을 수상하였습니다. 이 논문 중에는 내시균형(Nash Equilibrium)이라는 방법에 대하여 기술되어 있습니다. 그때까지의 게임이론에 비하면 보다 현실에 가까운 상황을 고려한 것으로 각광받았습니다.

이후 2005년, 이 게임이론으로 현실사회에서의 응용분석을 실시하여 동서냉전에서 국가전략에도 영향을 주었다고 하는 성과에 대하여 토머스 셸링과 로버트 오만이 노벨경제학상을 수상하였습니다.

이것으로부터 알 수 있듯이 게임이론은 이미 60년 이상의 역사를 가지고 있으며, 그 내용은 아직도 진화를 계속하면서 평가가 계속되고 있는 이론의 하나라고 말할 수 있습니다.

한편, 게임이론을 현실에 적용시키려는 경우, 대단히 복잡한 케이스가 많다고 생각합니다. 이것을 하나하나 깊이 다루는 것도 가능하지만 이 책에서는 그 범위를 넓히는 것을 피하고 비교적 간단한 기본케이스에 대하여 소개하도록 하겠습니다.

그러면 게임이론은 어떻게 분류할 수 있겠습니까? 크게는 다음과 같이 구분할 수 있습니다.

### (1) 동시진행게임/교호진행게임

Player 전부가 의사결정을 동시에 하는 것이 동시진행게임이며, Player끼리 순번을 정해 의사결정을 하는 것이 교호진행게임이라 합니다.

### (2) 1회성 게임/반복게임(유한·무한)

Player에 의한 의사결정이 1회로 끝나는 것이 1회성 게임이며, 게임 중에 여러 번의 의사결정이 이루어지는 것이 반복게임입니다. 반복게임에는 유한회수와 무한회수가 있습니다.

### (3) 비협력게임/협력게임

비협력게임은 Player가 각각 결탁하지 않고 하는 게임이며, 협력게임은 Player가 서로 협력을 통하여 이익을 결정하는 게임입니다.

이상의 구분에 의하여 이 책에서 소개하는 게임을 정리하면 다음과 같습니다.

표 8.1 비협력게임

| 구분 | 동시진행게임 | 교호진행게임 |
|---|---|---|
| 1회성 게임 | 8.2절 | |
| 반복게임 | 8.3절 | 8.4절 |

협력게임 : 8.5절에서 내시의 교섭문제로 소개

게임이론을 이해함으로써 얻을 수 있는 것은 무엇이겠습니까? 우선 이 책에서 지금까지 소개한 모델과의 가장 큰 차이는 '상대의 반응에 크게 관계가 있는'것이라고 할 수 있습니다. 물론 Decision Tree에도 이 요소가 있는데, 실제로 게임이론과 Decision Tree는 밀접한 관계가 있습니다(이것에 대해서도 뒤에서 소개합니다). 따라서 이와 같은 특징에 따라 오늘날 더욱 복잡해진 비즈니스의 의사결정에서 그 위력을 발휘합니다. 지금까지 소개한 의사결정 모델의 경우에 당장에 어떤 실례에 응용할 수 있어서 그 자리에서 실용적인 답이 산출되는 것과는 다르지만, 경합상황을 토대로 지금 자신이 위치해 있는 입장과 취할 액션에 대하여 논리적으로 정리할 수 있습니다. 특히 많은 요인이 뒤엉켜 다른 의사결정에서 독립해서는 판단할 수 없는 경우에는 유용하다고 생각합니다. 또, 자신이 왜 그와 같은 전략을 취했는지, 그 과정에서 다른 사람을 설득하는 장면에서도 공통의 논리적 툴로서 유용하다고 필자는 생각하고 있습니다.

## 8.2 동시진행의 1회성 게임

### 8.2.1 절대우위전략

게임이론을 배울 때에 반드시라고 해도 좋을 만큼 가장 먼저 등장하는 유명한 예로 '죄수의 딜레마(Prisoner's Dilemma)'라는 것이 있습니다(그림 8.1).

**그림 8.1** 죄수의 딜레마

그림 8.1을 보면서 설명하겠습니다. 이것은 범인 A와 범인 B 두 사람의 플레이어에 의한 리턴(이득)을 나타낸 '이득표'라 불리는 것입니다. 플레이어에게는 '침묵' 또는 '자백' 2개의 의사결정 선택사항이 있습니다. 현재 범인 A와 범인 B는 서로 다른 방에서 취조를 받고 있으며, 혐의점에 대하여 침묵할 것인지 또는 다른 플레이어를 배신하고 죄를 떠넘길 것인가에 대한 의사결정을 강요당하고 있습니다. 이득표는 각 플레이어의 선택사항이 2개씩 있어 총 4개로 나누어져 있습니다. 이 4개가 각각의 플레이어에 의한 선택사항의 4가지 조합(침묵-침묵, 침묵-자백, 자백-침묵, 자백-자백)을 나타내고 있습니다. 또, 각 조합마다 사선의 왼쪽 위와 오른쪽 아래로 수치를 나누어 기재하고 있습니다. 왼쪽 위의 수치가 범인 A의 이득, 오른쪽 아래의 수치가 범인 B의 이득을 나타내고 있습니다. 이 케이스에서 이득은 마이너스 수치를 사용하여 형량을 나타내고 있습니다. 즉, 만약에 범인 A와 B가 '침묵'을 선택한 경우, 범인 A와 B는 2년 형량을 받게 되는 것을 나타내고 있습니다.

우선은 범인 A의 입장에 서서 자신이 취해야 할 선택에 대하여 생각해보겠습니다. 범인 B가 다른 방에서 어떤 행동을 취하는지는 알 수 없습니다. 범인 B가 '침묵'을 선택했다고 가정해봅시다. 이 경우에 자신도 '침묵'을 선택하면 −2(2년간의 징역)의 이득이 되며, '자백'을 선택하면 0(무죄)이 되는 것을 이득표에서 알 수 있습니다. 한편 만약에 범인 B가 '자백'을 선택했다고 가정하면 자신이 '침묵'을 선택하면 −10(10년간 징역)의 이득이 되며, 자신도 '자백'을 선택하면 −6(6년간 징역)이 됩니다. 즉, 범인 B가 어느 쪽을 선택하여도 자신은 '자백'을 선택하는 쪽이 '침묵'을 선택하는 경우보다도 결과가 좋게 되는 것을 알 수 있습니다.

이와 같이 상대의 선택여하에 상관없이 자신에 의해 유리한 이득이 되는 선택사항이 존재하며, 이와 같은 선택을 '절대우위전략(Dominant Strategy)'이라 합니다.

그럼 다음에 범인 B의 입장에 서서 전부 같은 것을 생각해보겠습니다. 범인 A일 때와 마찬가지의 이유로 결과는 앞의 범인 A의 케이스와 전부 같습니다. 따라서 이 죄수의 딜레마 케이

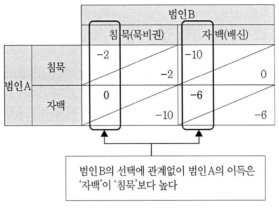

**그림 8.2** 범인 A가 본 시점

스에서 양쪽 플레이어는 '자백'을 선택하게 되며, 서로 협력하여 침묵을 하면 양자 모두 자백
—자백 케이스보다도 나은 이득을 얻을 수 있는 것과 상관없이 '자백'을 선택하고 있다는 것을
나타내고 있습니다. 즉, 각 플레이어 단독의 합리적인 선택이 양자에 의한 합리적인 선택과
다르게 됩니다. 이것이 '딜레마'라 부르는 이유입니다.

이것은 냉전시대의 분석에 사용된 것이 있는데, '침묵'을 군비축소, '자백'을 '군비확장'으로
고려하면 현실을 나타내고 있는 것을 납득할 수 있습니다. 또, 실제로 이 절대우위전략이 존
재하는 상황에서는 뭔가 다른 큰 요인이 없는 한, 그 이외의 선택사항을 취하는 벽은 대단히
높다고 말할 수 있습니다. 그러나 만약에 이것이 1회성 게임이 아닌 반복게임이라면 얘기는
달라집니다. 예를 들면 입찰의 단합에서 플레이어가 가격에 대하여 고백을 하여 혼자서 가격
인하에 뛰어들지 않는 이유가 여기에 있습니다. 이것에 대해서는 8.3절에서 설명합니다.

### 8.2.2 최적반응과 순수내시균형

그러면 항상 절대우위전략이 존재하는 케이스뿐이겠습니까? 물론 현실에서는 언제나 그렇
지만도 않습니다. 그림 8.3의 예를 보겠습니다.

그림 8.3은 자사와 경쟁사가 '협력' 또는 한쪽을 제쳐놓고 '강행'으로 갈 것인지의 선택에
대한 이득표입니다. 이득표 내의 수치는 각 선택에 의해 얻을 수 있는 이득 값이며, 단위는
예로서 0억 원이라고 생각하십시오. 앞에서와 마찬가지로 우선은 자사의 입장에서 그리고 경
쟁사의 입장이 되어 순서대로 고려해보겠습니다.

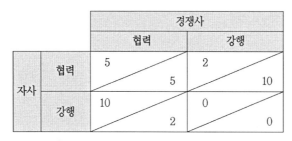

**그림 8.3** 절대우위전략이 존재하지 않는 경우

### (1) 경쟁사가 '협력'을 선택할 것으로 가정한 경우

그림 8.4와 같이 자사의 이득은 '강행'의 10(억원)이 '협력'의 5(억원)을 이기고 있습니다. 따라서 이득표 내에 밑줄을 그립니다.

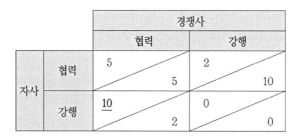

**그림 8.4** 경쟁사가 '협력'을 선택할 것으로 가정한 경우

### (2) 경쟁사가 '강행'을 선택할 것으로 가정한 경우

그림 8.5도 (1)과 마찬가지로 '협력'을 선택한 경우의 이득인 2(억원)에 밑줄을 그립니다.

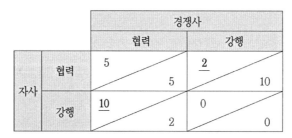

**그림 8.5** 경쟁사가 '강행'을 선택할 것으로 가정한 경우

### (3) 경쟁사의 입장에서 보다 이득이 높은 선택을 찾아낸다

경쟁사의 입장에 서서 마찬가지로 검토를 합니다. 즉, 만약에 '자사'가 '협력'을 선택하는 것으로 가정한 경우, 경쟁사는 보다 이득이 높은 '강행'을 선택함으로써 이득 10(억원)을 얻을 수 있습니다. 마찬가지로 '자사'가 '강행'을 선택하는 것으로 가정한 경우는 보다 이득이 높은 '협력'을 선택함으로써 2(억원)을 얻을 수 있습니다. 이 결과를 정리한 것이 그림 8.6입니다.

| | | 경쟁사 | |
|---|---|---|---|
| | | 협력 | 강행 |
| 자사 | 협력 | 5 / 5 | <u>2</u> / <u>10</u> |
| | 강행 | <u>10</u> / <u>2</u> | 0 / 0 |

**그림 8.6** 양쪽 플레이어의 선택을 나타낸 이득표

그림 8.6에 표시되어 있는 것은 유일한 절대우위전략은 없고, '서로 상대가 선택하고 있는 전략 아래에서 자신이 선택한 전략은 자신의 이익을 최대화하고 있는' 이익의 조합으로 양쪽에 밑줄이 그려져 있습니다. 즉, [강행－협력] 및 [협력－강행] 2개의 조합입니다. 이와 같이 '서로 상대가 선택하고 있는 전략 아래에서는 자신이 선택한 전략은 자신의 이익을 최대화하고 있는' 전략을 '최적반응'이라 합니다. 따라서 이 최적반응에 의해 양쪽이 선택한 조합이 존재하는 상태를 각각의 전략이 균형을 이루고 있다는 의미에서 '순수내시균형(또는 단순내시균형)'이라 합니다. 어느 쪽의 플레이어 입장에서도 이 순수내시균형 이외의 전략을 취하는 것은 자신의 이득을 끌어내리는 결과로 연결되기 때문에 한번 이 균형상태가 이루어진 후에는 선택이 달라지는 것은 생각하기 어렵다고 할 수 있습니다. 이와 같이 순수내시균형이 존재하는 경우에는 어떤 상태에서 균형이 이루어진다고 생각되는지를 이상의 과정을 통해 구할 수 있습니다.

실제의 비즈니스 세계에서도 독자적인 규격으로 도전하면 결과적으로 자신이 손해라는 인식에서, 타사와 같은 기능이나 규격으로 같은 것을 개발하는 케이스는 좋게 볼 수 있습니다. 가전제품의 에너지절약 기능이나, 자동차업계에서의 하이브리드, 휴대전화의 글로벌규격 등 이러한 현상은 하나의 순수내시균형을 나타내고 있는 것이 아닐까요?

참고로 이 순수내시균형의 유무를 확인하기 위한 Excel에서의 작업표를 소개합니다. 그림 8.7은 이득표의 이득을 입력하여 지금까지 기술한 프로세스를 기준으로 각각의 최적전략(그림 8.6에서 밑줄을 긋는 작업입니다)을 자동으로 표시하고, 이들 중에서 플레이어 사이의 최적전략에서 하나라도 같은 조합이 있다면 순수내시균형 '있음'이라는 결론이 표시되도록 작성한 것입니다. 또한 그림 중 A, B, C, D라는 것은 이득표의 전략 4개의 조합위치를 지정하기 위하여 다음과 정한 것입니다.

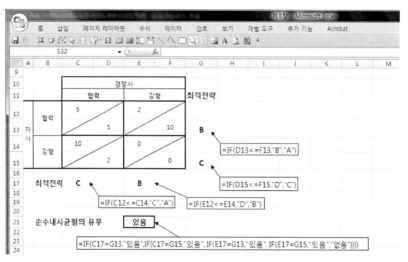

**그림 8.7** Excel에 의한 작업표 예(순수내시균형)

지금까지 살펴본 내시균형에 의해 한번 이 균형상태가 성립되고 난 후에 양쪽 플레이어에 의해 다른 전략을 취하면 자신의 이득이 지금보다 줄어들기 때문에 다른 전략을 묶여 버린다는(즉, '균형'을 이루고 있다) 점은 좋게 설명되어 있습니다. 단, 한편에서는 내시균형에 관한 과제도 지적되고 있습니다. 서로가 내시균형이 되는 전략의 조합을 취할 때까지의 프로세스가 충분히 설명되어 있지 않다는 것입니다. 동시진행의 1회성 게임에서 상대의 전략을 모르고 있을 때에 반드시 내시균형이 되는 전략을 양쪽 플레이어가 동시에 취한다고 하는 보증이 100% 있다고 장담하기 어렵다는 것입니다. 그러나 실제로는 플레이어끼리 서로의 것을 전부 알 수 없는 경우가 아닌 한, 상대에 관한 무엇인가의 정보를 가지고 있을 겁니다. 이것에 의하여 상대가 취할 수 있는 전략을 읽는 것이 가능합니다. 내시균형에 겨우 다다르는 프로세스는 양쪽 플레이어가 서로의 전략을 다양한 정보를 통하여 얻은 결과를 기초로 한 전략을 취하는 것에 따라 필연적으로 결정된다고 할 수 있지 않을까요?

### 8.2.3 혼합전략과 혼합내시균형

복수의 순수내시균형이 존재하는 케이스를 포함하여 다른 플레이어의 전략에 관계없이 그 플레이어의 이득이나 자신의 이득을 일정하게 유지하는 전략에 대하여 소개합니다. 이것을 '혼합전략'이라 합니다. 가장 손쉬운 가위바위보를 예로 생각해봅시다. 가위바위보가 단순함에도 불구하고 필승법이 없는 것은 원칙적으로 상대가 무엇을 낼지 모르기 때문입니다(상대가 한쪽으로 치우친 버릇이 없는 한).

가위바위보의 상대가 주먹을 낼 확률을 $a$, 가위를 낼 확률을 $b$, 보를 낼 확률을 $c$로 합니다. 자신이 무엇을 내는 것에 따라(이기면 이득을 +1, 비기면 0, 지면 −1) 자신의 이득은 다음과 같이 됩니다.

$$\text{주먹의 이득}: \quad 0 \times a + \quad 1 \ \times b + (-1) \times c = b - c$$
$$\text{가위의 이득}: -0 \times a + \quad 0 \ \times b + \quad 1 \ \times c = c - a$$
$$\text{보의 이득} \quad : \quad 1 \times a + (-1) \times b + \quad 0 \ \times c = a - b$$

여기서 자신이 주먹, 가위, 보를 각각 1/3의 확률로 내는 경우, 그 이득의 기대치는 다음과 같이 됩니다.

$$\frac{1}{3} \times (b - c) + \frac{1}{3} \times (c - a) + \frac{1}{3} \times (a - b) = 0$$

즉, 자신이 주먹, 가위, 보를 같은 확률로 낸다고 하는 전제에서는 상대의 전략에 상관없이 자신의 이득기대치는 반드시 0이 되는 것입니다. 단, 만약에 이 1/3씩이라는 전략을 무너뜨린 경우에 예를 들면 주먹만을 100%, 다른 것을 0%로 한 경우에는 그 기대이득은 $(b - c)$가 됩니다. 이것에 대하여 상대는 $b < c$를 내는 방법을 취하면 이쪽의 이득을 0 이하로 하는 전략을 상대가 취할 수 있다는 것을 나타내고 있습니다. 이와 같이 어느 확률(이 경우는 1/3)에 따라 랜덤으로 어느 쪽의 전략을 취함으로써 상대의 반응에 관계없이 자신의 이득을 일정하게 하는 방법을 '혼합전략'이라고 합니다.

이것을 입장을 바꿔 생각해보면 자신이 어느 일정한 확률로 전략을 세워(선택사항 중에 자신의 행동을 선택) 상대가 어떤 전략을 세워도 상대의 이득을 일정하게 할 수 있다는 것입니다. 이 전략을 '랜덤화(Randomization)'라고 합니다. 따라서 이와 같이 '자신이 어느 확률로 랜덤화할 때에 다른 플레이어의 전략에 관계없이 플레이어의 이득이 변하지 않는 상태'를 '혼합내시균형(Mixed Nash Equilibrium)'이라 합니다. 이것을 이득표를 이용한 예로 알아보겠습니다.

그림 8.8은 순수내시균형이 존재하지 않는 예로 되어 있습니다. 자사와 경쟁사는 '광고'와 '가격인하' 2개의 전략을 가지고 있습니다. 각각의 이득은 이득표대로지만 절대우위전략도 순수내시균형도 존재하지 않습니다. 그러나 무엇인가 자신의 선택을 랜덤화하는 것으로 경쟁사의 이득을 고정시키고 싶습니다. 또, 그림 중에 자사의 '광고'와 '가격인하'의 오른쪽에 ($q$), ($1-q$)라는 것은 자사가 '광고'를 선택할 확률을 $q$, '가격인하'를 선택할 확률을 ($1-q$)로 정의하는 것을 나타내고 있습니다.

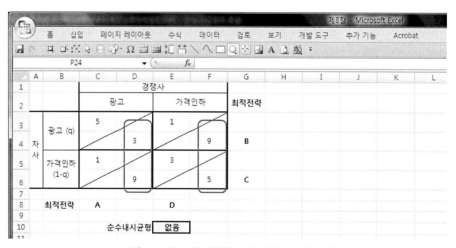

**그림 8.8** 순수내시균형이 존재하지 않는 예

그러면 경쟁사가 세운 전략에 의하여 경쟁사의 이득에 대한 기대치가 어떻게 되는지 보겠습니다. 기대치는 리턴(이득)에 확률을 곱하여 구하는 것을 생각하십시오.

- 경쟁사가 광고를 선택한 경우의 기대치 $= 3 \times q + 9 \times (1-q) = -6q + 9$

  …경합의 '광고' 전략의 이득(사선의 우측 아래)에 각각의 확률인 $q$, $(1-q)$를 곱하여 더한다.

- 경쟁사가 가격인하를 선택한 경우의 기대치 $= 9 \times q + 5 \times (1-q) = 4q + 5$

  …경합의 '가격인하' 전략의 이득(사선의 우측 아래)에 각각의 확률인 $q$, $(1-q)$를 곱하여 더한다.

어떤 전략을 세워도 경쟁사의 이득을 같게 하기 위해서는 위의 2개에 대한 이득 기대치가 같아야 할 필요가 있습니다. 즉, 양쪽을 Equal(=)로 묶어 방정식으로 만듭니다.

$$3 \times q + 9 \times (1-q) = 9 \times q + 5 \times (1-q)$$

이것을 $q$에 대하여 푼 것이 경쟁사의 기대이득을 일정하게 하기 위한(자사가 '광고'를 선택) 확률이 됩니다. 결론을 말하면 $q=0.4$가 되어 40%의 확률로 '광고' 전략을 세워 60%의 확률로 '가격인하' 전략을 세움으로써 경쟁사는 '광고'를 선택하여도 '가격인하'를 선택하여도 이득기 대치는 6.6($q$에 0.4를 대입하여 기대치를 계산해보세요)이 되어, 어느 쪽을 선택하여도 차이가 나지 않는 '혼합내시균형'을 만들 수 있습니다.

그림 8.9에 이 관계를 표시합니다. 가로축은 자사가 '광고'를 선택한 확률 $q$이며, 세로축은 경쟁사의 기대이득을 나타낸 것입니다. 경쟁사의 기대이득은 앞에서 구한 것과 같이 '광고'를 선택하면 $-6q+9$가 되며, '가격인하'를 선택하면 $4q+5$가 됩니다. 따라서 이들의 기대이득

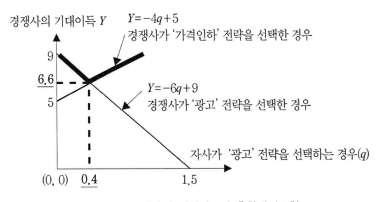

**그림 8.9** 경쟁사의 기대이득과 혼합내시균형

이 $q=0.4$의 점에서 교차하는 것을 확인할 수 있습니다. 여기서 자사가 '광고'를 선택하는 확률 $q$를 0.4로 고정하면 경쟁사가 어느 쪽을 선택하여도 그 기대이득을 6.6으로 할 수 있게 됩니다. 그림 8.9의 굵은 선은 $q$를 취하는 방법에 따라 경쟁사가 실현가능한 기대이득을 나타내고 있습니다(경쟁사가 취득 가능한 최대 이득입니다). 여기서 $q=0.4$로 하는 것으로 가장 낮은 값인 6.6을 고정하는 것을 나타내고 있습니다.

### 8.2.4 랜덤화를 위한 확률을 구한다(goal seeking)

그러면 Excel을 이용하여 이것을 보다 체계적으로 계산해보도록 하겠습니다. 우선 상기의 방정식은 우변을 좌변으로 이항하여 다음 방정식으로 치환된 것을 확인하여 주십시오.

$$3 \times q + 9 \times (1-q) - (9 \times q + 5 \times (1-q)) = 0$$

그림 8.10에 랜덤화를 위한 확률 $q$를 구하는 작업표의 예를 소개합니다. 셀 D13에는 상기 방정식의 좌변을, 이득표의 이득치가 바뀌어도 사용할 수 있도록 일반화한 식이 입력되어 있습니다. 여기서, Excel에 내장되어 있는 기능 중에 '목표값 찾기'를 사용하여 방정식을 풀어보겠습니다.

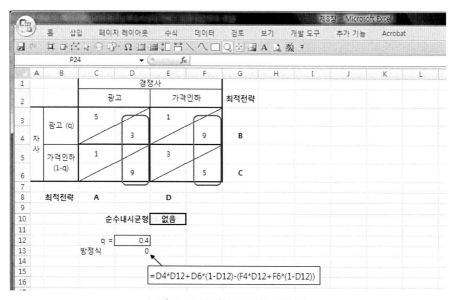

**그림 8.10** 랜덤화를 위한 작업표

[데이터]−[가상분석]−[목표값 찾기]를 선택합니다(그림 8.11).

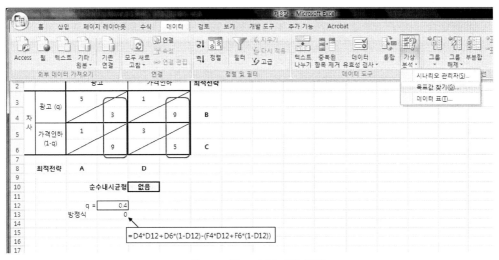

**그림 8.11** 목표값 찾기의 선택

목표값 찾기의 설정화면이 표시됩니다(그림 8.12). [수식 셀]에는 앞에서 방정식을 입력한 셀을 지정합니다. [찾는 값]에는 그 방정식의 우변(정수)을 지정하는데, 이 경우에 0이 됩니다. 마지막으로 [값을 바꿀 셀]은 기 방정식의 변수(또는 해)가 되어야 할 셀을 지정하는데, 이 경우 셀 D12(이 셀은 $q$의 값으로써 계산식으로 이용한다)를 지정합니다. 그리고 [OK] 버튼을 클릭하면 자동으로 [값을 바꿀 셀]에 그 방정식의 값이 입력됩니다. 여기서는 0.4의 결과가 계산되었습니다.

그러면 랜덤화는 실제로 어떻게 실현하는 것이 좋을까요? 40%로 광고를 해도, 여기서는 1회성 게임에 대한 논쟁하므로, 100회 게임 진행 중에 40회라고 생각하는 것은 아닙니다. 원시적이기는 하지만 10개의 구슬을 제공하고, 그중에 4개에 기표(표시)를 하여 눈을 감고 1개의 구슬을 선택, 표시가 붙어 있으면 '광고', 아니면 '가격인하'라는 방법이 있는 것 아닐까요?

마지막으로 이 예서 자사의 랜덤화에 의해 '자사'의 기대이득을 고정하는 것(앞의 가위바위보 예와 같음)도 생각해봅시다. 방법은 같습니다. 단, 이번은 자사의 기대이득을 계산합니다.

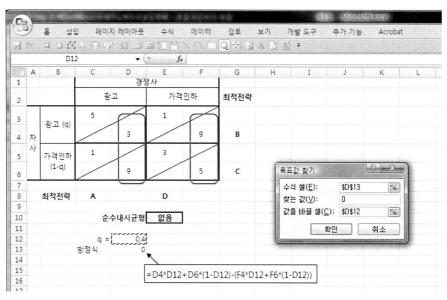

**그림 8.12** 목표값 찾기 설정화면

- 경쟁사가 광고를 선택한 경우의 기대치$=5 \times q + 1 \times (1-q) = 4q + 1$

  …경합의 '광고' 전략 이득(사선의 왼쪽 위)에 각각의 확률인 $q$, $(1-q)$를 곱하여 더한다.

- 경쟁사가 가격인하를 선택한 경우의 기대치$=1 \times q + 3 \times (1-q) = -2q + 3$

  …경합의 '가격인하' 전략 이득(사선의 왼쪽 위)에 각각의 확률인 $q$, $(1-q)$를 곱하여 더한다.

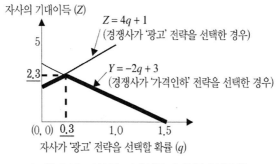

**그림 8.13** 타사의 기대이득과 혼합내시균형

이들의 기대치가 같게 될 때의 $q$는 0.33이 됩니다. 즉, $q = 0.33$일 때(자사가 '광고'를 33% 의 확률로 선택할 때)에 자사의 이득을 2.3으로 고정할 수 있습니다.

이것을 그림으로 나타내면 그림 8.13과 같이 됩니다. 즉, $q$의 값(가로축)에 의해(경쟁사가 세운 전략에 의하여) 자사의 이득은 올라가거나 내려가지만, $q=0.33$으로 고정하여 경쟁사의 2개의 전략에 대한 교점인 2.3에 자사의 기대이득을 고정할 수 있습니다. 그림 중에 굵은 선으로 표시된 부분은 '$q$를 변화시키면 경쟁사의 전략에 따라서는 2.3보다 작은 이득이 될 가능성이 있다'는 것을 나타내고 있습니다. 그러나 $q=0.33$이라는 확률을 고정함으로써 이와 같은 최악의 케이스를 피할 수 있다는 것을 알 수 있습니다(대신에 그 이상의 이득을 얻을 수 있는 기회를 놓치게 되겠지만). 이와 같이 최악의 케이스에 대한 이득(그림 중에서 굵은 선 부분)을 최대화하는 전략을 미니맥스전략이라 합니다.

## 8.3 동시진행의 반복게임

8.2절에서는 1회만 게임이 전개되는 세계의 이야기였습니다. 그러나 현실에서는 이와 같은 1회만의 게임과 같이 다수의 플레이어에 의하여 연속으로 이루어지는 게임도 다수 존재합니다. 특히 비즈니스에서는 불특정다수의 고객에게 판매하는 것과 같은 경우는 어쨌든, 기업끼리의 거래 등의 게임은 결코 한 번의 거래로 끝나는 케이스만 있는 것이 아닙니다(다음 거래가 정해져 있지 않아도, 그 가능성만 있어도 반복으로 고려됩니다).

그러면 가장 단순한 죄수의 딜레마 케이스가 여러 번(게임을 여러 번 해야 끝난다는 것을 모든 플레이어가 인식하고 있다) 반복되는 경우를 검증해보겠습니다.

그림 8.1을 다시 생각해보겠습니다. 1회의 게임에서는 범인 A, B 공히 '자백'을 선택하면 각각의 이득은 −6이 되는 결과였습니다. 그러면 여기서 이 게임이 3번 연속으로 진행된다고

**그림 8.14** 죄수의 딜레마 3회 게임

가정해보겠습니다(그림 8.14 참조). 이 케이스에서는 각 플레이어가 다음 게임을 하기 전에 그 전의 게임결과를 알고 있습니다.

이와 같이 여러 번의 게임을 고려할 때에는 마지막 번의 게임결과에서 거슬러 올라가 생각합니다. Decision Tree에서 최종리턴에서부터 역산하여 기대치를 계산하는 것과 같은 발상입니다. 즉, 이 예에서는 3번째의 결과에서 생각하게 됩니다. 3번째를 단독으로 고려하는 경우, 말할 필요도 없이 그 결과는 1회 게임인 죄수의 딜레마와 같은 '자백-자백'의 조합을 절대 우위의 전략으로 선택합니다. 여기서 양쪽 플레이어의 3번째 이득은 (−6, −6)으로 정해집니다. 이 이득을 고려한 2번째의 게임 이득표는 각각의 조합으로 3번째에서 실현된 이득인 (−6, −6)을 더하여 그림 8.15와 같이 됩니다.

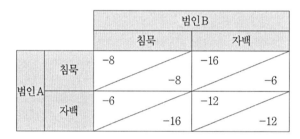

**그림 8.15** 2번째 게임의 이득표

그림 8.15를 보아도 역시 '자백-자백'의 조합이 절대 우위의 전략으로 선택된다는 것을 알 수 있습니다. 그러면 이 (−12, −12)라는 이득을 포함한 1번째 게임의 이득표는 어떻게 되겠습니까? 이것은 그림 8.16에 표시합니다.

| | | 범인B | | | |
|---|---|---|---|---|---|
| | | 침묵 | | 자백 | |
| 범인A | 침묵 | −20 | | −28 | |
| | | | −20 | | −18 |
| | 자백 | −18 | | −24 | |
| | | | −28 | | −24 |

**그림 8.16** 1번째 게임의 이득표

역시 마찬가지로 '자백-자백'이 절대우위전략이 되었습니다.

이 예와 같이 절대우위전략이 하나밖에 없는 케이스는 그 전의 결과를 알고 있어도 알지 못해도 다음의 동시진행 게임은 또 같은 상황에서 이루어지기 때문에 매번 절대우위전략이 선택됩니다.

이것과 가까운 상황을 나타내고 있는 실제의 예로 필자의 경험에서 다음과 같은 것이 떠오릅니다.

'다음 기 매출예산의 집계가 회사에서 이루어집니다. 최종적으로 각 부서의 매출예산을 합계한 금액이 전사의 목표에 이를 때까지 매 4분기마다 집계업무가 발생합니다. 각 부서는 실제로 실현가능하다고 생각하는 매출과, 집계된 후에 사내의 추가 임무를 받을 가능성의 양면에서 매출예산을 제출하는 방법을 생각하게 됩니다. 즉, 회사에 XX억 원의 매출목표가 있는 경우, 간단하게 각 부서에서 예산을 합계한 것만으로는 목표에 미치지 못하는 경우가 대부분입니다. 이 경우에 다음의 4분기에서 예산집계에서 그것에 도달할 때까지 각 부서에 추가임무(예산의 추가 재검토)가 내려옵니다. 그렇기 때문에 각 부서는 이것을 내다보고 시작부터 보수적인 수치의 매출예산을 제출하는 행동을 취하게 됩니다. 그 이득표는 그림 8.17과 같이 됩니다.'

이득표를 기준으로 생각해보겠습니다. 각 부서는 본심(높은)의 수치와 추가임무를 내다본(낮은) 보수적인 수치를 제출하는 2가지의 선택사항이 있습니다. 여기서는 다른 여러 개의 부서를 정리하여 하나의 플레이어로 생각합니다. 양쪽 플레이어가 각각 '본심을 제출'하면(합계가 전사 목표에 도달할 것으로 예상) 이 시점에서 예산책정업무가 종료됩니다. 그것 이상으로 자기 부서의 임무가 늘어나는 리스크도 없습니다. 또, 어떤 플레이어가 '본심을 제출'함과 동시에 다른 쪽의 플레이어가 '보수적인 수치의 제출'을 하는 경우에 본심을 제출한 부서는 그 값을 그대로 예산의 최저치(bottom line)로 확정되어 버립니다. 이 경우에 각 부서의 합계치가 전사 목표에 도달할지 여부에 따라, 자기 부서는 본심의 수치를 제출하는 것과 상관없이 다음 예산책정 단계에 대한 추가 작업이 없어지게 됩니다. 한편 보수적인 값을 제출한 다른 쪽의 플레이어는 그대로 자기부서의 낮은 임무를 유지한 그대로의 상태가 됩니다.

양쪽 플레이어 공히 '보수적인 수치를 제출'한 경우, 합계치는 전사목표에 미치지 않고 다음번의 예산책정 단계로 들어갑니다. 양자는 다음 예산책정을 위한 준비에 대한 코스트(시간과 노력)가 걸릴 뿐만 아니라 대부분이 추가 임무가 주어지게 됩니다. 이와 같은 결과가 됨에도 불구하고 모든 플레이어가 '여기서 본심 예산을 제출하면 자기 부서만이 손해를 보게 될지 모른다'라는 우려를 안고 보수적인 수치를 제출하는 것이 계속되게 됩니다. 실제로는 최종 예산책정 단계까지 들어가, 최종적으로 Top Down으로 부족분의 임무가 나누어진다고 하는 것이 매년 반복되게 됩니다. 이 프로세스의 시비는 지금까지는 논하지 않지만 여기에도 각 부서별의 합리적인 판단이 전사에서의 합리적인 선택으로 결합되지 않는 게임이 반복되는 예를 볼 수 있습니다.

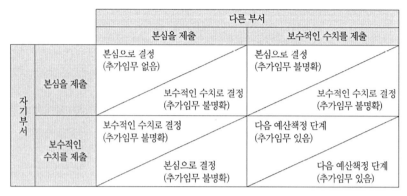

**그림 8.17** 예산책정 예의 이득표

그럼 얘기를 '죄수의 딜레마'로 돌아가 보겠습니다. 만약에 이 연속된 게임이 무한으로 반복되어 일어난다고 하면 지금까지의 방법에 어떤 영향이 미칠까요?

이 경우에 물론 앞의 유한 번의 게임에서도 설명한 것과 같이 '자백−자백'의 조합이 영원히 계속된다고 하는 균형이 존재합니다. 그러나 무한 번의 게임일 경우에는 이것에 더하여 '침묵−침묵'의 조합도 이미 하나의 균형이 됩니다. 만약에 이 무한 번 게임의 최초 게임에서 양쪽 플레이어가 '침묵−침묵'을 선택했다고 합시다. 이 경우, 양자의 이득은 (−2, −2)가 됩니다. 잠시 이 상태가 그 후의 게임에서도 계속되는 것을 예상해볼 수 있습니다. 어느 날, 범인 A가 갑자기 범인 B를 자백, '배신'으로 돌아섰다고 합시다. 당연히 범인 A는 이번만은 이득 0을 얻어낼 수 있습니다. 그러나 그 후 그대로 영원히 계속된 게임에서는 무엇이 일어날 것인가? 범인 B는 그 보복으로 다음에는 자신도 '자백'을 선택하게 될 것입니다(이와 같이 어느 균형을 무너지면 다음에 다른 균형으로 양쪽의 선택이 이동하는 전략을 '트리거전략(trigger strategy)'이라 합니다).

그 결과, 그 후에는 양쪽 모두 영원히 '자백−자백'의 조합에서 벗어나지 못하는 상태가 됩니다. 이렇게 된다면 양자는 계속 '침묵−침묵'의 관계를 계속하는 편이 훨씬 서로에게 이익으로 나타나고 있습니다. 따라서 양쪽 모두 (자신이 자백한 경우의) 상대방에 대한 보복의 공포에 의한 '침묵–침묵'의 계속이라는 무한 번 게임에서 이미 하나의 균형점이 존재하게 됩니다.

여기서 반복게임에서 주의할 점을 기술하겠습니다. 반복게임에서는 실제의 거래 상황에서도 현실에서 일어날 수 있는 '돈의 시간가치'라는 개념이 필요하게 됩니다. 이것은 금융의 기초로 자주 사용되는 개념입니다. 간단하게 그 개념을 설명합니다. 지금 은행에 1,000원을 맡긴다고 합시다. 1년간의 금리가 5%라고 하면 1년 후에는 1,050원이 되겠지요. 바꿔 말하면 '1년 후'의 1,050은 '지금'의 1,000원과 같은 가치라고 말 할 수 있습니다. 즉, 같은 절대금액의 돈의 가치는 시간이 경과하면 경과할수록 줄어들어 간다고 하는 것입니다. 이 경우, 내년의 가치를 금년의 가치로 변환하기 위해서는 금리인 5% 만큼을 '할인한 것'으로 산출합니다. 즉, 내년의 가치를 105%로 나누면 금년의 가치가 됩니다. 이 비율을 할인율(이 경우 5%)이라 부릅니다. 금리의 계산과 할인율을 이용한 현재에서 가치의 계산을 대비하여 다음과 같이 예시합니다. 이것은 전부 같은 것을 말하고 있는데 지나지 않습니다만, 견해가 서로 반대가 되고 있는 것에 주목하십시오. 즉, 금리의 고려방식에서는 지금의 금액에 금리를 연수만큼 곱하여, 장래의 금액을 산출합니다. 한편, '돈의 시간가치'에 대한 고려방식은 장래의 금액을 원래의 할인율을 이용하여 할인한 것으로, 그들의 장래 금액의 '현재의 가치'를 산출합니다. 이 방식에 따르면 1년 후의 1,050원은 지금의 1,000원과 같은 가치인 것을 알 수 있습니다. 즉, 장래의 금액을 지금의 가치로 고치면 금리부분(할인율)의 값을 뺀 값이 되는 것이 포인트입니다.

- 금리의 고려방식(금리 5%에서의 계산 예)

| 지금 금액 | 1년 후의 금액 | 2년 후의 금액 | $n$년 후의 금액 |
|---|---|---|---|
| 1,000원 | $1,000 \times (1.05) = 1,050$원 | $1,000 \times (1.05)^2 = 1,103$원 | $1,000 \times (1.05)^n$원 |

- 할인에 의한 현재가치의 고려방식(할인율 5%에서의 계산 예 : 상기와 반대의 견해가 됩니다)

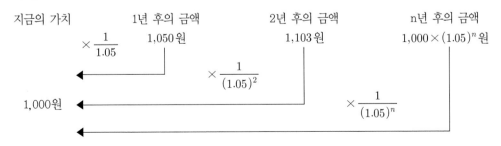

이와 같은 개념이 왜! 여기서 나오는가 하면, 특히 무한 번의 게임에서는 게임의 진행에 긴 시간이 걸릴 것으로 예상됩니다(유한 번에서도 최종까지 시간이 걸린다고 한다면 이것도 같은 이론이 적용됩니다). 그렇기 때문에 시간이 걸리면 걸릴수록 최종이득의 현재가치가 줄어든다고 생각되기 때문입니다. 즉, '얻어지는 것도 잃는 것도 시간이 지나면 지날수록 그 효과는 현재의 가치로 환산할 때에 (금리만큼) 할인되어 간다'는 것이 됩니다.

이 현재가치의 방식을 기준으로 하면 금리(할인율)가 큰 경우에는 어느 시점에서 '자백'으로 돌아서는 것으로 얻은 리턴이 그 이후 영원히 계속되다 보복으로 인하여 입은 마이너스의 합보다 크다는 계산 결과도 있습니다. 이와 같은 경우, 트리거전략을 취함으로써 결과적으로 유리할 것이라는 추정이 가능하면 무한 번의 게임의 빠른 단계에서 '침묵-침묵'의 관계에서 '자백-자백'의 균형으로 옮길 것입니다. 그러나 실제에서 이 할인율은 그리 큰 값이 아니면 '침묵-침묵'을 계속하는 것에 비해 도중에 트리거전략으로 옮겨가는 쪽이 득이라는 결론은 아닙니다. 어느 정도 커야 할 경우인가에 관해서는 뒤에서 기술하는 "참고(할인율에 의한 트리거전략의 우세)"를 하나의 예로 봐 주기바랍니다.

죄수의 딜레마 부분에서 다룬 담합의 이론에 대한 설명이 여기에 나옵니다. 담합은 원칙적으로 끝이 없는 죄수의 딜레마 게임입니다. 따라서 어느 플레이어가 한 번만 자백을 하여 싼 가격으로 입찰하여 수주한다고 해도, 그 이후의 입찰안건에서는 결코 그대로 1인만이 이득을 독차지할 수 없습니다. 다음의 안건에서는 모두가 낮은 값으로의 경쟁이 유발되어, 누구도 현재보다 이득을 볼 수 없는 상황이 되기 때문입니다. 모두가 높은 가격으로 담합을 계속하는 것이 긴 안목에서는 이득이 있다는 것을 모든 플레이어가 인식하게 됩니다.

**[참고 : 할인율에 의한 트리거전략의 우열]**

이 예에서 어느 정도의 할인율을 경계로 하여 영원히 '침묵－침묵'이라는 전략과, 도중에 '자백－자백'이라는 전략의 우열로 변할 것인지를 수학적으로 검증해보겠습니다. 우선 '등비급수의 합' 공식으로 다음 식이 성립되는 것을 기억해주십시오.

$$r + dr + d^2 r + d^3 r + d^4 r + \cdots\cdots = \frac{r}{(1-d)}$$

여기서, $r$은 매회의 리턴(이득)을 나타내고, $d$는 $1/(1+$할인율$)$에서 계산되어 현재가치를 산출하기 위한 장래의 $r$을 할인율로 뺀 것을 나타내고 있습니다. 즉, 첫 번째의 이득은 $r$, 두 번째의 이득은 $r$에 $d$를 곱하는 것에 의해 할인율만큼을 빼서 현재가치로 치환한 것. 세 번째의 이득은 $r$에 두 기간 분의 할인을 고려한 $d^2$을 곱한 것$\cdots\cdots$으로 영원히 계속 이득을 합계한 것이 $r/(1-d)$라는 간단한 계산으로 나타내는 것을 설명하고 있습니다.

이것에 의하여 시작부터 '침묵－침묵'이 영원히 계속될 때의 '평균이득 $r$(이 경우는 매번 같은 이득이 얻어진다고 가정한 것을 평균이득이라 합니다)'은 이 경우의 이득은 $-2$이므로 앞의 공식에 의하여 다음과 같이 구해집니다.

$$① \quad r = (1-d) \times (-2 - 2d - 2d^2 - 2d^3 - 2d^4 - \quad \cdots\cdots)$$

그런데 만약에 $t$번째에서 트리거전략(자백－자백)을 취한 경우, '평균이득 $r$'은 다음과 같이 구해집니다. 중간에 이득이 한번만 0이 되며, 그 후 $-6$이 되는 것에 주목하십시오.

$$② \quad r = (1-d) \times (-2 - 2d - 2d^2 - 2d^3 \cdots\cdots 0 \times d^t - 6d^{t+1} - 6d^{t+2} \cdots\cdots)$$

①과 ②의 평균이득의 차이는 다음과 같이 됩니다.

$$\begin{aligned}
①-② &= (1-d) \times (-2d^t + 4d^{t+1} + 4d^{t+2} + \cdots\cdots) \\
&= (1-d) \times 4d^t \times (-0.5 + d + d^2 + \cdots\cdots) \\
&= (1-d) \times 4d^t \times (-0.5 + d/(1-d)) \\
&= (1-d) \times 4d^t \times (-0.5 + 1.5d)/(1-d) \\
&= 4d^t \times (-0.5 + 1.5d)
\end{aligned}$$

이상에 의하여 $d$가 $1/3$ 이상에서 ①＞②가 성립, ①에서의 평균이득이 ②의 평균이득을 상회하는 것을 알 수 있습니다. 결국 이 경우에 $d$가 $1/3$(약 33.3%) 이하가 되지 않을 것, 다른 말로 하면 매번 금리(할인율)가 200%(한 번에 3배로 늘어나는 것) 이상이 아닐 것, 트리거전략이 승리한다는 결론이 될 수 없다는 결과가 나왔습니다. 현실에서는 일어나기 어려운 이율입니다. 즉, 이득의 차이도 좋지만 일반적으로는 트리거전략이 양쪽 플레이어에 의한 협력전략으로 이기기 위한 조건은 상당히 엄격한 것이 아닐까요?

## 8.4 교호진행의 반복게임

여기서부터는 '게임이 (상대가 취하는 전략에 따라서) 플레이어끼리 교대로 진행되는 반복게임'에 대하여 설명합니다. 실제로 이것은 이 책에서 이미 설명을 한 내용입니다. 제7장의 기대치에서 Decision Tree를 소개하였습니다. 장래 일어나는 현상을 시간경과에 따라서 케이스로 나누어 가장 기대치가 높은 선택사항을 선정한다고 하는 의미에서는 교호진행의 반복게임의 모델화도 Decision Tree에 의해 실현될 수 있습니다. Decision Tree의 상세한 설명은 제7장을 참조하시기 바랍니다. 여기서는 간단한 예(그림 8.18)를 이용하여 Decision Tree로 교호진행의 반복게임을 나타낼 수 있다는 것을 확인하도록 하겠습니다.

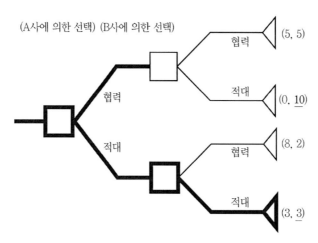

**그림 8.18** Decision Tree에 의한 교호진행의 반복게임 예

그림 8.18에서는 A사와 B사가 교대로 의사결정(협력 또는 적대의 2가지 선택사항)을 하는 장면을 나타내고 있습니다. Decision Tree 오른쪽 끝 괄호 안의 수치가 양쪽 회사의 이득을 (A사, B사)의 순으로 표시하고 있습니다. Decision Tree의 시작인 왼쪽부터 보시기 바랍니다. 우선 A사에 의한 의사결정이 있습니다. 가정으로 A사가 '협력'을 선택합니다. 다음은 B사에 의한 의사결정 순서가 되는데, 만약에 여기서 B사도 '협력'을 선택하면 그 이득은 (5, 5)가 되며, 양쪽 공히 이득은 5라는 결과가 됩니다. 물론 일반적인 Decision Tree와 마찬가지로 상대가 자사의 제안을 받아들여 협력하는 확률을 넣어 기대치를 계산하는 것도 가능합니다.

여기서는 Decision Tree와 같은 방식인 것을 확인하는 것이 목적이므로 단순히 A, B 쌍방의 선택행동만을 넣은 Decision Tree를 사용하는 것으로 합니다.

그럼 이 게임은 실제로 어떤 결론이 나오겠습니까? 방식은 Decision Tree와 마찬가지로 각각의 의사결정 장면에서 가장 이득이 높은 선택사항을 선정합니다. 그래서 그 검토는 최종 결과인 오른쪽의 리턴에서부터 순서대로 왼쪽으로 돌아가 보는 것이었습니다. 그림 8.18의 예에서는 마지막에 B사의 선택이 있습니다. B사는 다음 2가지의 케이스를 생각할 것입니다

① 만약 A사가 '협력'을 선택한 경우, 자사(B사)는 '적대'를 선택함으로써 자사의 이득을 최대화한다(이 경우에 B사의 이득은 10이 됩니다).
② 만약 A사가 '적대'를 선택한 경우, 자사(B사)도 '적대'를 선택함으로써 자사의 이득을 최대화한다(이 경우에 B사의 이득은 3이 됩니다).

B사는 A사가 어떤 것을 선택할 것인가에 상관없이 자사의 이득 최대화를 도모함으로써 A사의 선택에 의하여 이득은 10 또는 3이 됩니다. 그렇다면 이 경우에 A사의 이득은 얼마가 되겠습니까? 그림 8.18에서 상기 ①의 경우 A사의 이득은 0이 되며, ②의 경우에는 3이 되는 것을 알 수 있습니다. 여기서 다음과 같은 결론이 도출됩니다.

"B사는 반드시 ① 또는 ②의 선택을 한다고 알고 있는 A사에게 자사의 이득을 최대화 하는 선택사항은 단지 하나이며, 그것은 '적대'이다."

즉, 만약에 A사는 '협력'을 선택하면 자신의 이득은 0이 되지만, '적대'를 선택하면 그 이득은 3이 되는 것이(B사의 이득 최대화 행동을 고려하여) 예측되기 때문에 '적대'를 선택하게 됩니다.

그러면 새로운 교호진행 반복게임에 대하여 다음의 2가지를 소개하겠습니다. 지금부터는 같은 반복게임에서도 '교섭'이라는 요소가 들어가 있는 것에 주의하시기 바랍니다.

- 유한반복 교섭게임에서 Last Mover's Advantage
- 무한반복 교섭게임에서 First Mover's Advantage

이것에 대해서는 그림 8.19를 사용하도록 하겠습니다.

A사의 제품을 B사에 판매하는 거래에서 가격의 협상이 이루어집니다. A사는 이것을 100만 원에 판매하는 것을 Task(임무)로 하는 한편, B사는 이것을 80만 원에 구매하는 Task를 가지고 있다고 합니다. 우선은 A사가 110만 원에 가격을 제시하는 것부터 시작합니다. 그 후 거래가 성립되지 않는 경우에는 다른 쪽이 다음에 역제안을 하는 것으로 거래가 진행됩니다. 각 사의 최종 이득은 각 사의 Task에서의 차이 값으로 나타내고 있습니다.

우선은 앞의 예와 같은 견해로 생각해보겠습니다. 그림 8.19에서 B사의 이득에 밑줄을 그리고 그 값에 주목하십시오. Decision Tree 오른쪽 끝의 최종 의사결정 장면에서는 B사의 이득은 −20 또는 −80으로 되어 있습니다. 따라서 여기서 B사는 A사의 100만 원의 제안을 받으면 −20(만 원)의 이득을 취할 수 있는 것을 알 수 있습니다. 다음에 가운데의 A사에 의한 선택에서는 B사의 제안을 받아 −10이 되는 이득과, 앞의 B사의 선택결과에 따른 0이라는 이득이 비교됩니다. 물론 이득이 0인 'B사의 제안을 받지 않는다'를 선택합니다. 마지막으로 처음 A사의 제안인 110만 원을 그대로 받아들이면 B사는 Task에 대하여 30만 원이 부족하게 되지만, 그것을 받지 않고 협상을 계속하여 최종적으로 20만 원의 부족으로 마무리하는 것이 예상됩니다. 따라서 최소한 B사에서는 처음의 A사의 제안을 받지 않는다는 의사결정이 됩니다(−30보다 −20쪽이 보다 좋기 때문에).

사실 이 게임에서 B사의 최종이득은 −20(만 원)이 되었다고 생각해도 좋겠습니까?

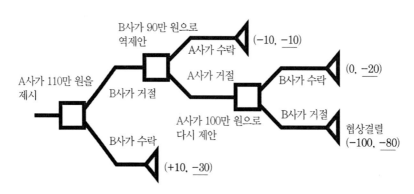

**그림 8.19** 교호진행 반복게임을 나타내는 Decision Tree의 예

이 예가 앞의 단순한 교호진행게임과 다른 점은 간단하게 양쪽 입장의 선택을 나타내고 있는 것이 아닌 상호진행의 '교섭'게임을 나타내고 있다는 것입니다. 즉, 양쪽 회사가 유한 반복

교섭을 할 때에 어느 쪽이 유의한 입장을 취할 수 있는지에 대하여 생각하는 것입니다. 이와 같은 경우 다음의 요소가 적용됩니다.

### Last Mover's Advantage

그림 8.19의 예로 설명하겠습니다.

이 예와 같이 교섭게임의 회수가 유한인 것을 양쪽 플레이어가 인식하고 있으며, 어느 쪽의 플레이어가 최종 의사결정자가 될 것인가가 정해져 있는 경우에는 그 최종결정자가 절대적으로 유리한 입장에 있습니다. 즉, 만약에 최종 의사결정자(이 예에서는 B사)가 마지막의 거래를 거부하면 양쪽 거래가 결렬된다는 최악의 결과가 된다는 것을 알고 있기 때문에, A사는 B사의 요구를 수용할 수밖에 없게 됩니다. 따라서 이론적으로는 (A사에 의해 거래 불성립이 되어도 좋다고 하는 가격까지) B사는 자신이 말하는 가격으로 거래할 수 있게 됩니다. 이 게임에서는 처음에 A사가 제시한 금액과 도중에 교섭의 경과에 관계없이 (B사가 유리한) 결말을 예측할 수 있습니다.

### First Mover's Advantage

만약 이 게임에 끝이 없다면(그렇게 인식하고 있으면) 어떨까요? 이것은 앞에서 설명한 '돈의 시간가치'의 개념에 따릅니다. 즉, 양쪽 플레이어에 의해 빠르게 결말을 짓겠다는 인센티브가 작용하는 상황에 있다고 할 수 있습니다. 그 때문에 먼저 자신의 조건을 제시하고, 그것을 베이스로 교섭을 진행하는 것이 유리하다는 생각에 이르게 됩니다. 이것을 'First mover's Advantage'라 합니다.

앞의 유한반복의 교섭게임에서도 만약 그 게임이 장기간에 걸쳐 있을 경우에는 역시 어딘가에 'Last Mover's Advantage'와 'First mover's Advantage'가 교체되는 분기점이 존재한다고 말할 수 있습니다. 이 분기점은 그 게임에서 이득의 크기와, 시간이 지나감에 따라 줄어드는 할인율의 크기에 따라 달라집니다. 또, 각 플레이어의 가치가 줄어드는 것에 대한 내구력의 차이나 결말을 짓는 타이밍 제약의 차이 등등 고려해야 할 요인이 있는 것도 알아 두어야 합니다.

# 8.5 협력게임

지금까지는 양쪽 플레이어가 대화에 따라 서로 협력할 수 없는 즉, 비협력게임을 보았습니다. 8.5절에서는 양쪽 플레이어가 대화를 함으로써 서로 합의사항을 기초로 한 협력행동을 게임에 들여올 수 있는 게임(협력게임)에 대하여 '내시 교섭해(Nash's Bargaining Solution)'의 방법에 대하여 소개하도록 하겠습니다.

그림 8.20은 자사와 경쟁사가 대화할 수 있는 환경아래 '규격 A'와 '규격 B'를 선정하여 각각 얻을 수 있는 이득을 나타낸 이득표입니다. 자사 쪽에서는 양사 모두 규격 A로 결정하면 유리하지만, 경쟁사 쪽에서는 양사 모두 규격 B로 결정하는 것이 유리합니다. 이 경우에 '규격 A-규격 A'와 '규격 B-규격 B' 2개의 내시균형이 존재합니다.

그러나 지금까지와 다른 것은 양쪽이 대화를 하고 있다는 것입니다. 이와 같은 경우, 규격 A로 통일할 것인지 규격 B로 통일할 것인지를 무엇인가 일정한(비율) 기준으로 결정하는 것을 합의할 수 있습니다. 이것을 '상관전략'이라 합니다. 예를 들면 동전을 던져서 '앞면'이면 '양사 모두 규격 A', '뒷면'이면 '양사 모두 규격 B'로 결정하면 그 비율은 50%-50%가 됩니다. 이것은 그 밖에도 양자가 합의하면 30%-70%도 좋고, 20%-80% 등도 좋습니다. 양쪽이 결정하는데 달려 있다는 것입니다. 예를 들면 30%로 '규격 A', 70%로 '규격 B'로 한 경우에 Decision Tree에서 사용한 기대치를 고려하면, '자사'에서는 $0.3 \times 5 + 0.7 \times 1 = 2.2$, '경쟁사'에서도 $0.3 \times 2 + 0.7 \times 6 = 4.8$이라는 기대치가 됩니다. 이것은 양자에 따라 '불리한 규격'으로 결정된 경우의 이득('자사'는 '규격 B'의 경우에 1, '경쟁사'는 '규격 A'의 경우 2)보다도 높은 값으로 되어 있는 것을 알 수 있습니다. 즉, 양자가 대화로 결정한 것에 따라 최악의 결과 이상의 기대치를 실현될 수 있다는 것을 나타내고 있습니다.

| | | 경쟁사 | |
|---|---|---|---|
| | | 규격A | 규격B |
| 자사 | 규격A | 5￣ ￣2 | 0￣ ￣1 |
| | 규격B | 0￣ ￣0 | 1￣ ￣6 |

**그림 8.20** 협력게임에서 이득표의 예

그러면 이와 같은 비율로 정한 것(상관전략)에 의해 실현될 수 있는 이득의 범위는 어떻게 고려하면 좋을까요? 이것을 나타낸 것이 그림 8.21입니다.

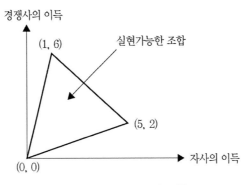

**그림 8.21** 실현가능한 집합

그림 8.21은 그림 8.20의 이득표인 (1, 6), (5, 2), (0, 0)을 정점으로 하는 다각형(이 경우는 삼각형)을 나타낸 것입니다. 실제로 이 다각형은 '자사' 및 '경쟁사'에 의하여 정해지는 상관전략의 비율에 의해 실현이 가능한 이득의 조합범위를 나타내고 있습니다. 즉, 어떤 비율에 따라서 이 삼각형 내의 어떠한 점도 실현이 가능하기 때문에 이것을 '실현가능집합'이라 합니다. 다른 말로 하면 이 '교섭게임'에서는 양쪽 플레이어의 교섭이 가능하기 때문에 양자의 합의에 따라 실현가능한 집합의 어디에도 양자의 이득 조합을 결정하는 것이 이론적으로 가능하다고 말할 수 있습니다.

그러면 만약에 처음 시점에서 양자의 교섭이 이 실현가능한 집합의 어딘가에 낙착된 경우(이것을 교섭의 기준점이라 합니다), 여기서 양자에게 어디까지 서로의 이득을 늘릴 수 있을까(이것을 교섭의 타결점이라 합니다)라는 과제에 대하여 생각하여야 합니다. 이 어프로치가 '내시의 교섭해'의 방법입니다.

앞에서 '내시의 교섭해'에 대한 결론을 기술하였습니다. 양자에 의한 최초의 교섭에서 결렬된 실현가능한 집합 내의 점이 교섭의 기준점이 됩니다. 이 교섭의 기준점에서 자사의 이득이 늘어나는 양과 경쟁사의 이득이 늘어나는 양을 곱한 값이 최대가 되는 점이 '실현가능집합' 내에서 하나 정하면 그것이 교섭의 타결점이 되는 것입니다. '서로 이득이 늘어나는 양의 곱이 최대가 되는 점'이라는 이치를 고려하면 '타결점'이 합리적인 방법이라는 것을 직감적으로 알 수 있습니다. 단, 이 교섭의 타결점은 다음에 기술하는 4가지의 조건을 만족하여야 유일한

점으로서 정해지게 됩니다. 실제로는 (1) 이외에는 어느 특정한 케이스에 해당하는 것이며, 교섭의 타결점을 산출할 때에 항상 필요한 것은 아니지만 참고로 모든 조건에 대하여 간단히 언급하겠습니다.

### (1) 파레토 최적성

'교섭의 결과에 가까스로 도달한 해는 한쪽이 그것 이상으로 이득이 늘어나면 다른 쪽의 이득이 줄어드는 이득의 조합이다'라는 성질을 '파레토 최적'이라 합니다. 다른 말로 바꿔 말하면 교섭의 타결점에는 이미 그것 이상으로 양쪽이 동시에 이득을 늘릴 수 없다고 하는 것을 말하고 있습니다. 즉, 그림 8.21에서 현실가능조합인 삼각형의 2개의 꼭짓점인 (1, 6)과 (5, 2)를 연결한 선에 반드시 교섭의 타결점이 오는 것을 나타내고 있습니다. 왜냐하면 현실가능조합 내의 다른 점에서 타결하는 것으로 하면, 집합 내의 양쪽 플레이어가 동시에 그것 이상으로 이득이 늘어날 여지가 있는 것은 분명하기 때문입니다. 이것이 4가지의 조건 중에서 항상 필요로 하는 중요한 고려사항이 됩니다.

### (2) 대칭성

교섭의 기준점에서 양쪽 플레이어의 이득이 같고, 양쪽 플레이어의 입장을 서로 바꿔도 실현가능조합이 변함이 없는(즉, 좌우대칭인) 경우, 교섭의 타결점에서의 양쪽 플레이어의 이득은 같다고 하는 성질입니다. 어디까지나 양쪽의 조건이 전부 동일하면 최종 이득도 각각 마찬가지임을 말하고 있는데 불과합니다. 생각해보면 당연한 것이지만, 역으로 실제로 이 성질이 적용될 수 있는 상황에 있는 실제의 예를 보는 것은 어렵지 않다고 생각하고 있습니다.

### (3) 불변성

교섭의 타결점은 이득에 사용되는 단위에 영향이 없다고 하는 성질입니다. 즉, 양쪽 플레이어의 이득이 단위의 변화 등의 이유로 원래의 이득에 대하여 몇 배가 된다거나 이득 그것이 증감한 경우, 그 변화량과 똑같이 교섭의 타결점도 변하는 것을 말하고 있습니다. 예를 들면 이유가 무엇이든지 자사의 원래 이득 5배에 1을 더한 것으로 하면 교섭의 타결점에서 자사의 이득도 5배에 1을 더한 것이 되는 것을 말합니다.

## (4) 관계가 없는 선택사항에서의 독립성

현실가능집합에서 교섭의 기준점과 교섭의 타결점 이외의 영역이 처음부터 제외되어 있다고 하여도 결론은 변하지 않는다는 성질입니다.

### 8.5.1 '내시의 교섭해'의 계산

'내시의 교섭해'를 실제로 계산해보겠습니다. 필자는 이 계산 자체를 그대로 실무에 응용하는 데는 한계가 있다고 느끼고 있습니다. 여기서는 어디까지나 고려방법을 실무의 계산과 함께 이해하는 것을 목적으로 소개하고자 합니다.

### STEP 1  교섭의 기준점을 정한다

교섭의 기준점은 최초의 교섭에서 결렬된 실현가능집합 내의 점이라고 하였습니다. 이것이 이미 얼마라도 자의적으로 결정할 수 있는 여지를 포함하고 있습니다(이것이 좀처럼 실무에 넣을 수 없는 요소의 하나입니다). 일반적으로는 앞에서 설명한 미니맥스전략(Minimax strategy)에 따른 값을 이용합니다. 즉, 최초의 교섭 결과에 의하여 낙착된 점은 각각이(상대가 어떤 행동을 취할 것인지 알 수 없는 상황에서는) 최악의 케이스에서도 자신의 이득으로 확보해두고 싶은 값 즉, 미니맥스 값이 가장 합리적이라는 이유입니다.

미니맥스 값은 다음과 같이 계산할 수 있습니다.

- 자사의 미니맥스 값(규격 A의 확률을 $p$, 규격 B의 확률을 $1-p$로 한다)

$$\underset{\text{경쟁사 '규격 A' 선택의 기대이득}}{5 \times p + 0 \times (1-p)} = \underset{\text{경쟁사 '규격 B' 선택의 기대이득}}{0 \times p + 1 \times (1-p)} \text{에서}$$

$$p = \frac{1}{6}$$

- 경쟁사의 미니맥스 값(규격 A의 확률을 $q$, 규격 B의 확률을 $1-q$로 한다)

$$\underset{\text{자사 '규격 A' 선택의 기대이득}}{2 \times q + 0 \times (1-q)} = \underset{\text{자사 '규격 B' 선택의 기대이득}}{0 \times q + 6 \times (1-q)} \text{에서}$$

$$q = \frac{3}{4}$$

이상의 $p$, $q$를 만족하는 기대이득인 교섭의 기준치는 (자사, 경쟁사)=(5/6, 3/2)가 됩니다.

### STEP 2 교섭의 타결점을 구한다

교섭의 타결점은 기준점에서 각 플레이어의 이득 증가분의 적(곱셈)이 최대가 되는 것과 동시에 파레토 최적성에 의한 점 (1, 6)과 점 (5, 2)의 선상에 존재하는 것이 됩니다. 따라서 다음의 식(조건)을 만족하는 $(x, y)$가 양쪽 플레이어가 다다르는 교섭의 타결점이 됩니다.

- $y = -x + 7$(파레토 최적성 : (1, 6), (5, 2)를 지나는 직선의 식 … (a)
- $(x - 5/6) \times (y - 3/2)$가 최대가 되는 점 … (b)

(a)를 (b)에 대입하여 $(x - 5/6) \times (-x + 11/2) = -x^2 + 14/3x - 55/12$가 최대가 되는 것이 조건이 됩니다. 위의 식은 $-(x - 7/3)^2 + 31/36$로 변형되기 때문에 $x = 7/3$일 때에 최대가 되는 것을 알 수 있습니다(미분으로도 간단하게 구해집니다). 이때의 $y$의 값은 식 (a)에서 $y = 14/3$이 됩니다.

이상에 의하여 교섭의 타결점은 (7/3, 14/3)이 되는 것을 알 수 있었습니다. 그림 8.22에서 이것을 확인해보시기 바랍니다. 실현가능집합 중에서 교섭의 기준점인 (5/6, 3/2)에서 '내시의 교섭해' 4가지 조건을 만족하는 교섭의 타결점인 (7/3, 14/3)에 도달하는 모양을 나타내고 있습니다.

특히 이 협력게임에서는 플레이어끼리의 이득을 양도하는 것으로 보다 타결점의 폭을 넓힐 수 있습니다. 여기에서는 이 양도가능성을 고려하지 않은 케이스로 남게 됩니다.

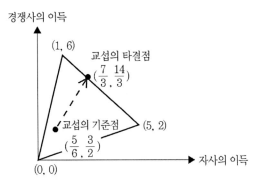

**그림 8.22** 내시의 교섭해에서 기준점과 타결점

지금까지 게임이론의 기본이 되는 방법을 알아보았습니다. 그러나 게임이론은 아직도 보다 복잡한 게임에 대한 발전이론이 많이 연구되고 있습니다. 이 책에서는 다루지 않았지만 플레이어가 3인 이상인 경우나, 한쪽의 플레이어만이 정보를 가지고 있는 것과 같은 정보의 비대칭성을 다루는 것 등 다양한 것이 있습니다. 관심이 있다면 전문서적을 참조하시기 바랍니다.

# 09
# 의사결정에 관한 심리적 요소

EXCEL

이 장에서는 인간의 비합리적인 의사결정에 대하여 알아보겠습니다. Heuristics라 불리는 편견에 대하여 소개하고, 인간의 주관적인 판단이 다양한 요인에 의하여 어떻게 왜곡되는지에 대하여 기술합니다. 이것에 의하여 지금까지 배운 객관적인 의사결정 모델이 매우 중요한 지원도구인 것을 실감할 수 있지 않을까요? 다양한 예제를 퀴즈 느낌으로 풀어보기 바랍니다.

# 의사결정에 관한 심리적 요소

## 9.1 합리적인 의사결정과 Heuristics

지금까지 의사결정을 위한 다양한 툴, 모델에 대하여 알아보았습니다. 이 책의 서두에 많은 의사결정이 개인의 경험이나 감에 따라 이루어지고 있는가 하는 것을 언급하였습니다. 이와 같이 개인의 정보에 근거하여 의사결정을 하는 방법을 Heuristics라 합니다. 물론 개인의 정보에 근거한 의사결정 프로세스가 항상 틀린다거나 잘못되어 있는 것은 아닙니다. 때로는 이 것이 보다 효율적이고 보다 정확도가 높은 의사결정으로 연결되는 경우도 있습니다. 이 장에서는 인간의 의사결정이 Heuristics에 의하여 어떻게(특히 판단을 왜곡하는 것과 같은 케이스에 대하여) 영향을 받는 가에 대하여 예를 사용하여 설명하겠습니다. 특히 Heuristics에 의하여 무의식중으로 의사결정에 편견을 갖는 케이스는 합리적인 판단을 방해하는 것이 있습니다. 이 점에 대해서도 지금까지 소개해 온 객관적인 의사결정 모델의 중요성에 대하여 다시 한 번 인식할 수 있다고 생각합니다.

인간의 의사결정이 그 개인의 경험이나 감에 의한 편견을 받음으로써 무엇인가의 제약을 받는 것은 누구에게나 쉽게 상상할 수 있다고 생각합니다. 그런데 '어떤 경우에' 영향을 받을 것인가에 대해서는 깊게 생각할 기회는 그다지 많지 않은 것은 아닐까요? 여기서는 'Judgement in Managerial Decision Making(Max H. Bazerman, John Wiley & Sons 2002)'라는 책에 소개되어 있는 3가지의 Heuristics에 대하여 소개하고, 이것에 기인하여 일어날 수 있는 갖가지 편견에 대해 예제를 이용하여 실감할 수 있다면 좋겠습니다. 3가지의 Heuristics와 그것에 따른 편견은 다음과 같습니다.

### (1) Availability Heuristics(입수 용이성의 차이)에 의한 편견

보다 가까운 존재나 시간적으로 가까운 과거의 상황, 또는 보는 빈도가 높은 상황이 '다음' 상황에 대한 판단의 베이스에 대하여 보다 강한 임팩트를 주는 것을 가리킵니다. 이것은 반드시 잘못되어 있거나 나쁜 것은 아닙니다. 단, 정보의 입수가 용이함과 빈도라는 것은 반드시 지금 판단대상이 되어 있는 사실과는 직접 관계가 없는 것이 많기 때문에 판단과 무관한 요소가 판단결과에 불필요한 영향을 주는 경우가 있습니다.

### (2) The Representativeness Heuristics(과거 경험과의 치환)에 의한 편견

장래의 일을 생각할 때에 과거 자신이 경험한 일을 떠올리며(반드시 이것이 직접 눈앞의 문제와는 관계가 없음에도 불구하고) 상투적으로 사물을 보는 것을 말합니다. 예를 들면 신제품에 대한 성공·실패 가능성의 판단을 과거 다른 제품의 예를 베이스로 실시하는 것 등이 해당됩니다. 이 프로세스 자체가 항상 문제가 되는 것은 아닙니다. 과거의 사례와 비교하는 것으로 보다 정확도가 높은 판단을 할 수 있는 경우도 많이 있습니다. 문제는 의사결정을 위하여 보다 좋은 정보가 있음에도 불구하고 불충분한 정보 아래, 이 편견에 의존하여 판단을 왜곡할 가능성이 있다는 것입니다.

### (3) Anchoring and Adjustment(시점의 영향)에 의한 편견

의사결정을 할 때에 검토가 시작되는 점(시점)에 의하여 판단결과가 영향을 받는 것을 가리킵니다. 의사결정자는 이 시점에서 시작하여 그것을 조정하는 것에 따라 최종적인 의사결정을 내리게 됩니다. 그러므로 경우에 따라서는 전부 같은 문제라도 그것을 검토하는 시점을 바꾸면 다른 결과가 일어날 수 있습니다. 예를 들면 구직활동의 면접에서 면접관은 응시자의 연봉을 전 직장의 연봉을 기준으로 검토하게 됩니다. 이것을(진실이 무엇인지는 고사하고) 5000만 원으로 알려주는 것과 7000만 원으로 알려주는 것은 같은 포지션에서 같은 업무 내용이라도 최종적인 연봉은 달라질 수 있습니다.

이상과 같이 3가지의 휴리스틱(Heuristics)은 실제로는 각각을 명확하게 구별하는 것은 어려운 케이스도 있어, 반드시 필요가 있다고는 생각하지 않습니다. 단, 인간이 비합리적인 판단을(특히 무의식중에) 해버리는 밑바탕에는 이와 같은 판단을 할 때의 '무엇인가를 참조하는 행위'가 있는 것이 아닌가라는 것을 이해하면 좋은 것이 아니겠습니까? 그래서 그것은 과거에 경험한 내용이 다양한 형태로 의사결정에 큰 영향을 주는 것을 말해주고 있습니다. 이것은 Heuristics에 의하여 효율적으로 의사결정을 할 수 있다고 하는 좋은 면이 있는 반면, 무의식 중에 의사결정의 편견을 가지고 있다고 하는 리스크가 숨어 있다고 말할 수 있습니다.

## 9.2 심리적 요소에 얽힌 예제

9.1절에서는 의사결정을 할 때에 일어나는 편견에 대하여 설명하였는데, 이것을 퀴즈형식으로 편하게 테스트를 해보겠습니다.

아래에는 다양한 예제를 통하여 어떤 경우에 객관적 논리와는 다른 판단을 자신이 내리고 있다는 것을 알아차릴 수 있다고 생각합니다. 필자도 처음에 이 문제의 의도를 알았을 때에는 '과연!'이라고 생각하였습니다.

필자가 외국의 비즈니스스쿨에서 연수한 과목 중에 하나인 'Dynamic Decision'이라는 것이 있는데, 그중에서 인간의 치우친 판단에 대하여 많은 사례 연구법을 실시하였습니다. 절반 정도가 수수께끼 같은 것이어서 큰 즐거움을 준 내용이었던 것을 기억하고 있습니다. 그러면 이것을 배우는 것의 용도(效用)는 무엇이겠습니까? 예를 들면 실무에서 어떤 의사결정을 할 때에, 객관적으로 한번쯤 자신이 편견을 가지고 있지 않는가 하는 하나의 단계를 넣도록 합니다. 또 상대의 주장에 대하여 그 사람의 결론에 편견이 있는 것은 아닌가? 하는 것을 생각하는 계기가 됩니다. 따라서 어떤 종류의 편견의 예가 있는지에 대하여 생각해보는 것에 가치가 있다고 필자는 생각합니다.

## 9.2.1 연습문제

몇 개의 문제를 보겠습니다. 우선은 해답을 보기 전에 스스로 생각해볼 수 있도록 위하여 문제를 먼저 소개합니다. 어떤 함정이 있는 것이 아닌지 처음부터 억측하지 말고 답을 풀어 보는 것을 추천합니다.

출전 : Judgement in Managerial Decision Making, M.H.Bazerman, 2002(Reprinted with permission of John Wiley & Sons, Inc.)

### [문제 1]

린다는 31세, 독신, 의사표시를 분명히 하는 타입이며 현명한 사람입니다. 그녀는 심리학을 전공하고 있습니다. 그녀는 학생으로 차별이나 사회정의와 같은 문제에 깊은 흥미를 가지고 있으며, 반핵운동 에도 참가하고 있습니다.

다음 8개의 기술에서 린다를 나타내고 있는 가능성이 높은 것부터 순서를 매겨주세요.

(A) 린다는 초등학교의 선생이다.
(B) 린다는 서점의 점원이며 요가 교실에 다니고 있다.
(C) 린다는 여성운동에 적극적으로 참가하고 있다.
(D) 린다는 정신의학의 Social Worker이다.
(E) 린다는 여성참정권조합의 일원이다.
(F) 린다는 은행원이다.
(G) 린다는 보험설계사이다.
(H) 린다는 여성운동에 적극적으로 참가하고 있는 은행원이다.

### [문제 2]

(1) 약 2,000자로 된 4쪽의 영문소설이 있습니다. 그중에 [___ing] 형을 가진 단어가 몇 개나 있다 고 생각하십니까? 아래에서 선택하여 주세요.

0    1~2    3~4    5~7    8~10    11~15    16 이상

(2) 약 2,000자로 된 4쪽의 영문소설이 있습니다. 그중에서 [___n] 형을 가진 단어가 몇 개나 있 다고 생각하십니까? 아래에서 선택하여 주세요.

0    1~2    3~4    5~7    8~10    11~15    16 이상

## [문제 3]

어느 길에 크고 작은 2개의 병원이 있습니다. 큰 병원에는 45명의 아기가 매일 태어나고, 작은 병원에서는 매일 15명의 아기가 태어납니다.

일반적으로는 50%의 아기는 남자아이지만, 실제의 정확한 비율은 날마다 다릅니다. 때로는 50%보다 높을 때도 낮을 때도 있습니다.

1년간 각각의 병원에서 그날에 태어난 아기의 60%가 남자아이였던 일수를 기록하였습니다. 어떤 병원이 이와 같은 일수가 많다고 생각합니까?

   (1) 큰 병원
   (2) 작은 병원
   (3) 거의 같다(±5% 이내의 차이)

## [문제 4]

(1) 아래에서 하나를 선택하여 주세요
   (A) 반드시 240달러를 벌수 있다.
   (B) 25%의 확률로 1,000달러를 벌수 있지만, 75%의 확률로 아무것도 벌수 없다.

(2) 아래에서 하나를 선택하여 주세요
   (A) 반드시 750달러를 잃는다.
   (B) 75%의 확률로 1,000달러를 잃고, 25%의 확률로 아무것도 잃지 않는다.

## [문제 5]

동전을 연속으로 던집니다. 아래의 결과에서 일어나기 쉬운(일어날 확률이 높은) 순서로 정렬하세요
   (A) H-H-H-H-T-T-T-T
   (B) H-T-H-T-H-T-H-T
   (C) H-H-T-H-T-T-H-T
   (D) H-H-T-T-H-H-T-T

## [문제 6]

당신은 세일즈맨으로 매도자와 가격 협상에 임하게 되었습니다. 물론 높은 가격으로 마무리되었던 적은 없습니다. 아래 (A), (B)의 거래방법에 의해 결과에 어떤 차이가 경향으로 나타난다고 생각합니까?

   (A) 당신이 다음 순서로 가격을 제시한다.
     $1,000 → $800 → $600 → $400 → $200
   (B) 상대방에게 희망가격을 제시하고 합의할 수 있는 곳까지 차례로 끌어 올린다.
     $200 → $400 → $600 → $800 → $1,000

## [문제 7]

아래의 수열은 어느 룰을 기준으로 정렬되어 있습니다. 이 룰이 무엇인지를 추측해보세요. 이 룰에 다다르기 위하여 (이 룰을 유일하게 알고 있는) 출제자에 3개의 다른 정수를 제시할 수 있다고 합니다. 출제자는 제시된 3개의 정수가 룰과 맞으면 'YES', 맞지 않으면 'NO'라고 대답합니다. 자, 당신이라면 어떤 숫자를 제시함으로써 이 규칙이 무엇인지 빨리 알 수 있을까요?

2-4-6

## [문제 8]

비즈니스 미팅이 길어져 겨우 끝이 났습니다. 20시 30분 예정의 마지막 비행기 편으로 귀가를 서두르고 있습니다. 이것을 놓치면 현지에서 1박을 해야 하며, 내일 중요한 미팅도 놓치게 됩니다. 당신은 20시 52분에 공항에 도착, 20시 57분에 게이트를 통과하였습니다. 아래 (A), (B)의 결과에 대하여 당신의 반응은 어떻게 다르겠습니까?

(A) 비행기는 예정시간대로 20시 30분에 출발한 것으로 나타났다.
(B) 비행기가 지연되어 20시 55분에 출발한 것으로 나타났다.

### 9.2.2 해 설

지금까지의 문제에 대하여 생각해보도록 하겠습니다. 앞에서 소개한 3개의 Heuristic 등에 의하여 다양한 요인이 의사결정에 영향을 미치고 있다는 것을 확인할 수 있습니다. 그러나 이들의 요인이 반드시 합리적이지 않은 경우도 많이 있습니다.

### [문제 1] Conjunction Fallacy

여러분의 정답을 보면서 (C), (F), (H)의 순서에 주목해주십시오. 이 문제에서는 (C)와 (F)가 (H)보다도 위의 순위에 있을 필요가 있습니다.

우선 문제를 읽고 '린다'의 이미지가 그려졌다고 생각됩니다. 따라서 이문제의 포인트는 '가능성'이 높은 것은 어떤 것인가? 라고 묻고 있는 것입니다. 일반적으로 대상(린다)의 구체적인 이미지를 가지고 있으면 선택사항 중에서 보다 구체적으로 기술(표현)되어 있는 것이 가능성이 높은 것으로 보고 열거하는 경향이 있다고 말하고 있습니다.

여기서 듣고자 하는 질문은 가능성이 높은 순서대로 열거하는 것입니다. '가능성'이라는 의미에는 반드시(린다가 정말로 어떤 인물인가에 상관없이) (H)는 (C)와 (F)보다 순위가 뒤에 있으면 안 됩니다. 왜냐하면 (H)라면 반드시 (C)도 (F)도 성립되기 때문입니다. 바꿔 말하면 (H)는 (C)와 (F)에 포함되어 있습니다. 따라서 보다 조건이 엄한 (H)가 일어날 수 있는 가능성은 (C)나 (F)가 일어날 수 있는 가능성보다도 낮다고 하는 확률론에 의한 객관적인 사실인 것입니다. 그러나 앞에서 기술한 것처럼 이 경우에 린다의 이미지를 확실히 심는 것으로 그 인물에 대하여 보다 구체적으로 기술되어 있는(게다가 꼭 자신이 그린 이미지에 가깝다) (H)를 가능성이 높은 것으로 느낄 수 있게 된다는 것입니다. 어떻습니까? 모든 사람이 반드시 (H)를 상위에 가지고 있다고는 할 수 없지만, 확실히 다른 비슷한 케이스에서도 이런 경향이 짚이는 게 아닐까요? 그리고 다른 항목이 어떤 순서가 되어 있는지는 본 문제는 전혀 관계가 없습니다.

## [문제 2] Retrievability

이 문제에서는 (2)에서 선택한 수치가 (1)에서 선택한 수치보다 클 필요가 있습니다. 이 문제도 [문제1]과 가까운 성질의 것입니다. 이것도 선택사항의 수치 그것에는 의미가 없습니다. 사람은 지금까지 많이 본 것이 머리에 남아(앞의 린다 이미지를 강하게 가진 것과 비슷합니다) 나타날 가능성을 높게 느낄 것입니다. (1)과 (2)를 선택한 수의 대소를 확인해주세요. 앞에서 기술한 것처럼 일반적으로는 (1)을 선택한 수가 (2)를 선택한 수보다도 많은 경우가 압도적으로 많을 것입니다. 이것은 일반적으로 -------ing라는 단어는 바로 떠오르는(또는 보다 높은 확률로 얻을 수 있는 느낌) 것에 대하여 -------n --이라는 단어는 직접적으로 머리에 떠오르지 않기 때문에 (1)이 많을 가능성으로 나타나는 것 아니냐고 느끼기 때문입니다.

그러나 객관적으로는 [문제 1]과 같이 -------n --이라는 것은 -------ing를 포함하고 있습니다. 바꿔 말하면 -------ing라는 단어가 있으면 이것은 반드시 -------n --이라는 조건을 만족하고 있습니다. 따라서 -------n --의 출현횟수는 반드시 -------ing보다 크거나 같지 않으면 이론적으로 이상하게 됩니다.

## [문제 3] Insensitivity to sample size

이것은 순수한 확률에 관한 문제입니다. 이 문제의 답은 (2)가 됩니다. 남자아이가 태어날 확률이 50%이므로 어떤 병원에서도 60% 이상 남자아이가 태어날 정도가 같을 것이라고 생각하고 싶을 것입니다. 우선 감각적으로 생각해보겠습니다. 예를 들면 동전을 10번 던져서 6번 이상 앞면이 나올 확률과, 동전을 100,000번 던져서 60,000번 이상 앞면이 나올 확률은 어느 쪽이 높다고 생각합니까? 횟수를 늘리면 늘릴수록 원래 동전의 앞면이 나올 확률인 50%에 결과가 가까워지게 됩니다. 즉, 10번 중에 6번이라는 것은 몇 세트 정도로 10회의 시행을 반복하면 나름대로 일어날 수 있는 것을 예상할 수 있지만, 100,000번을 던지는 시행을 몇 세트 정도 하여도 좀처럼 60,000번 이상이 나타나는 것은 일어나지 않을 것입니다. 아마도 50,000번에 가까운 결과가 될 것입니다.

그러면 이것을 좀 더 정확한 확률론으로 고려하면 다음과 같이 됩니다. 확률론 중에 이항분포라는 것이 있습니다. 이항분포에 대한 상세는 확률 입문서 등을 참고로 하고, 여기서는 한마디로 말하면 확률이 일어날 사건(동전의 예에서는 앞면이 50%로 나오는 것)이 실제로 XX번을 시행하여 YY번 이상 일어날 확률에 대하여 논하는 것입니다(본 예에서는 XX번이 10번이나 100,000번, YY번이 6번이나 60,000번이 됩니다). 참고로 일반식을 소개하면 다음과 같습니다.

**이항분포** : 한 번의 사건이 일어날 확률을 알고 있으며 그것을 $p$로 한다. 이것을 $n$번 시행하였을 때 $x$번만 그 사건이 일어날 확률은 이항분포에 따라 다음 식으로 나타낸다.

$$f(x) = {}_nC_x \, p^x (1-p)^{n-x}$$

단, C는 조합을 나타냄. 즉, $\quad {}_nC_x = n!/x!(n-x)!$

$$n! = n \times (n-1) \times (n-2) \cdots \times 1$$

그런데 뭔가 어려운 것처럼 느낄 수 있는데, Excel 함수를 사용하면 계산을 한 번에 할 수 있으므로 이것에 대하여 소개하도록 하겠습니다. 이 함수는 이 장의 목적과는 직접 관계가 없지만 참고로 설명합니다.

우선, 위의 공식에 따라서 10번 시행하였을 때에 6번 이상 앞면이 나올 확률을 구합니다. 이 경우 $n = 10$에서 $x = 6$, $p = 0.5(50\%)$가 됩니다. 그러나 여기서는 10번 중에 6번 앞면이 나올 확률이 아닌 6번 이상 나올 확률을 알고 있으므로 6번, 7번, 8번, 9번, 10번 나올 확률을 각각 곱하거나, 1(즉 100%)에서 1번, 2번, …5번 나올 때의 확률의 합을 뺄 것인가를 구할 필요가 있습니다. 여기서는 Excel을 사용하여 후자의 방법으로 구해 보겠습니다.

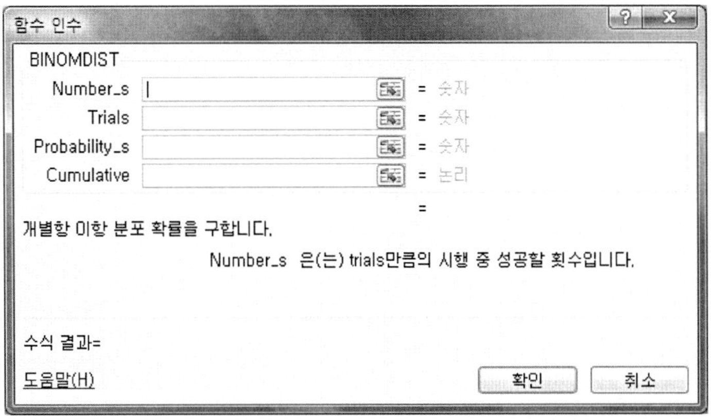

**그림 9.1** BINOMDIST함수의 입력

아래와 같은 입력으로 '10번의 시행 중에 1~5번까지 앞면이 나올 가능성'에 대하여 구할 수 있습니다.

- 성공횟수(Number_s) : 5(번)
- 실시횟수(Trials) : 10(번)
- 성공률(Probability_s) : 0.5(50%)
- 함수형식(Cumulative) : 1(0이라도 5번 성공의 확률만, 1이라도 1번~5번까지의 누적확률을 구합니다)

이것에 의하여 0.623이라는 답을 얻을 수 있습니다. 이것이 의미하는 것은 50%의 확률로 앞면이 나올 동전을 10번 던져 1번~5번까지 앞면이 나올 확률은 62.3%라는 것이 됩니다. 그러나 여기서 알고 싶었던 것은 6번 이상 앞면이 나올 확률이므로 이것을 1에서 뺀 수가 그 확률을 나타내게 됩니다. 즉, 37.7%(=100%−62.3%)입니다.

그러면 시행횟수를 늘려 100번의 시행 중 60회 이상 앞면이 나올 확률을 같은 방법으로 구해보겠습니다. 이번은 그림 9.2와 같이 100번 중 '59번'까지 앞면이 나올 확률을 구하면서 그 답을 1에서 뺀 것에 주의하십시오.

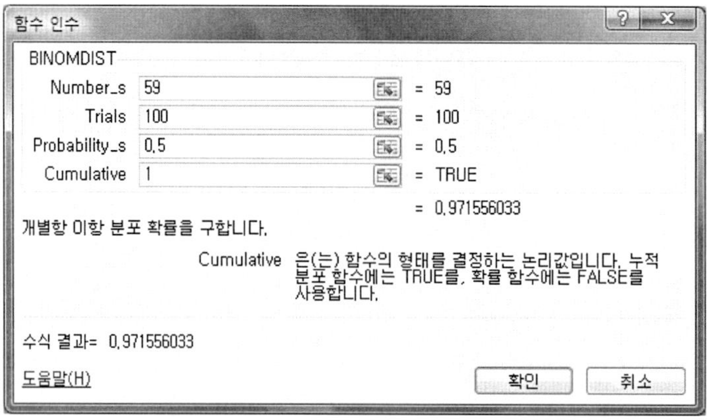

**그림 9.2** 100번 중에서 59번 앞면이 나올 확률

결과적으로 100번 중에 60번 이상 앞면이 나올 확률은 2.8%로 매우 낮습니다. 앞의 37.7% 와 비교하면 샘플개수의 차이에 따라서 이렇듯이 결과에 차이가 난다는 것을 이해할 수 있다고 생각합니다. 1,000번, 10,000번으로 샘플개수(시행횟수)를 늘리면 또한 어떻게 되는지를 상상할 수 있을 것으로 생각됩니다.

이 '샘플개수에 의한 차이'에 대해서는 (좋든 나쁘든) 상품의 프로모션 등에 활용할 수 있습니다. 예를 들면 '이 위장약은 5명 중에 4명(또는 80%)의 의사가 권장하였다'라는 광고 문구가 있었다고 합니다. 이것을 들은 사람은 설마 5명의 의사만 듣지 못했다고 느끼는 사람은 드물겠죠. 그러나 정말 5명밖에 못 들은 것과 50명 혹은 500명에게 들어서 80%의 사람이 권장한 것은 그 의미가 하늘과 땅 만큼의 차이가 있습니다. 샘플개수를 분명히 하지 않는 한, 이와 같은 수치결과에 주의가 필요합니다.

### [문제 4] The Framing of Choices

이 문제에서는 정답이 없습니다. 이 책에서 소개한 기대치에 대하여 생각을 꺼내주세요. (1)의 경우 (A)의 기대치는 $240, (B)는 $250가 되어 기대치를 베이스로 선택하는 것으로 하면 (B)를 선택할 것이라는 결론이 됩니다. 한편 (2)의 경우 기대치는 모두 $750이 되어 어느 것을 선택해야 할 기준으로는 같은 결론이 됩니다. 그런데 역시 이미 설명한 대로 개인의 리스크 허용도와 관계가 있어 인간은 반드시 기대치대로 선택을 하지 않는다는 조사결과가 나타나고 있습니다. 일반적으로는 '무엇을 '얻는' 경우에는 리스크 허용도가 낮아 결국은 확실히 손에 넣는 것을 선택하고 무엇을 '잃는' 경우에는 리스크 허용도가 높아 결국 리스크에 기대한

다'는 것을 말하고 있습니다. 기대치라는 것을 알지 못하는 사람에게 이 문제를 주면 일반적으로 (1)에서는 (A)를, (2)에서는 (B)를 선택하는 경향이 많다고 말하고 있습니다. 물론 이것은 일반론이며 반드시 항상 그렇다는 보장은 없지만 필자가 이것을 처음 들었을 때는 자신의 경우에 바꿔서 과연 그럴지도 모른다고 생각한 것이었습니다. 실무에서 같은 일에 대해서도 사내의 리포트 등에 어떻게 기재할 것인가에 따라 받는 쪽의 반응이 다르다는 것을 알고 있다는 것은 대단히 유익하다고 생각합니다.

### [문제 5] Misconception of Chance

이것도 순수한 확률 문제입니다. 이 문제의 정답은 '어느 것이나 전부 같은 확률'이 됩니다. 필자가 사내 강의에서 수강자에게 정답을 구할 때, 정답률이 가장 낮은 것으로 기억하고 있습니다. 이 답은 일정한 규칙에 따라 늘어서 있는 것과 같이 (A)와 (D)는 확률이 낮고 다른 것은 그것보다 높다는 것이었습니다. 확률을 알고 있는 사람이라면 어느 동전을 던져도 독립적이기 때문에(즉, 다음에 던진 결과는 그 전에 던진 결과와는 관계가 없다) 어느 경우도 확률은 50%가 됩니다. 이 예에서는 동전을 8번 던졌으므로 $0.5(=50\%)$의 8승($0.5^8$)이 (A)에서 (D) 모든 케이스의 확률을 나타내며, 모두 같은 확률이라는 결과가 됩니다. Mark sheet 방식의 시험 등에서 고민한 경험이 많이 있다고 생각되지만 왠지 모르게 같은 결과가 계속되는 것은 기분이 나쁘고, 확률적으로도 낮은 것으로 느껴 버리는 기분도 들 것입니다.

### [문제 6] Initial Anchoring

이것은 특히 협상(negotiation) 때 알아두면 편리한 내용입니다. 네고의 경험이 있다면 어느 쪽으로 진행하면 어떤 결과가 될 것인가 대충 짐작이 갈 것으로 생각합니다. 이것은 Initial Anchoring의 방법에서 최초의 베이스가 되는 값에 따라 그것 이후에 당사자가 느끼는 방법에 영향이 있는 것이 많은 방식입니다. 프로세스의 차이에 의해 느끼는 방법에 대한 영향이 있으면 그것에 따라서 네고의 프로세스도 변하여 결과적으로 최종결론에도 영향을 줄 수 있다는 것입니다.

이 예의 경우에 (A)의 프로세스를 취하면 최초의 $1,000이 베이스가 되며, (B)의 프로세스에 비하여 높은 결론이 될 가능성이 높다고 말할 수 있습니다. 물론 현실에서 네고는 Case by Case로 다른 요소가 다분히 관계가 있기 때문에 이와 같이 단순한 결과로 되지 않는 것도 있을 것입니다. 그러나 기본적으로는 Initial Anchoring의 방식에서는 자신의 경험에 의하여 납득하는 점이 많은 것은 아닐까요?

### [문제 7] The confirmation trap

먼저 이 문제에 있는 규칙의 정답을 알아보겠습니다. 매우 간단하여 '차례로 커지는 정수'라는 심플한 것입니다.

아마 대부분의 사람이 '2의 간격으로 차례로 커지는 정수의 정렬'이나 '같은 간격으로 늘어선 3개의 정수' 등의 룰인 것을 예상하지 않겠습니까? 따라서 예를 들면 1-3-5나 10-12-14 또는 10-15-20과 같은 정수를 제시할 것입니다. 그러나 이것에 대한 답은 영원히 'YES'가 돌아올 뿐이며 진짜 룰이 무엇이었는지는 도달할 수 없습니다.

여기서 중요한 것은 보다 빨리 답을 알기 위해서는 억지로 자신이 예상하고 있는 룰에 '따르지 않는다'는 것을 제시하는 것이 필요하다는 것입니다. 예를 들면 최초에 '2의 간격으로 차례로 커지는 정수의 정렬'이라는 룰이 아니라고 예상하여 그것에 따르지 않고 (예를 들면) 1-2-3 이라는 정렬된 숫자를 제시하면 진짜 룰에는 잘 맞아서 'YES'라고 답을 할 것입니다. 이 시점에서 자신이 예상한 '2의 간격으로 차례로 커지는 정수의 정렬'이 정답이 아니라는 것을 알게 됩니다. 다음에도 같은 생각으로 자신이 예상한 룰에 '따르지 않는다'고 생각하는 정렬을 제시함으로써 점차 정답에 가까워질 수 있습니다.

이 문제의 메시지는 '사람은 자신의 이론을 뒷받침해주는 정보를 찾기 쉽다'고 하는 것입니다. 특히 억지로 자신의 이론을 부정하는 정보를 얻는 것이 보다 강력하여 유효한 결과와 인연을 맺을 때조차 긍정적인 정보에만 눈길이 가는 합리적인 정보 수집을 할 수 없어 결과적으로 객관적인 의사결정에 도달할 수 없는 경우가 있습니다. 예를 들면 실무에서도 자신의 아이디어를 지원하고 조언을 해주는 컨설턴트에는 호의적인 감정을 갖고, 경우에 따라서는 형편이 좋은 부분만 발췌하여 버리기 십상입니다. 한편 자신의 아이디어 어느 곳에 약점이 있다거나 하는 경우에 부정적인 내용을 아는 것이 오히려 중요하고 유용함이 많은 것도 사실이 아니겠습니까?

## [문제 8] Regret avoidance

누구나 (A)보다도 (B) 쪽이 '억울하다'고 강하게 느끼지 않을까요? 이와 같이 같은 결과에서도 '후회'를 느끼는 쪽이 다른 것에 의해 사람은 이 후회의 정도가 낮게 될 가능성이 높은 선택을(비록 그 선택이 합리적이지 않는 경우에서도) 하여 피하는 경우가 있는 것 같습니다. 예를 들면 쇼핑을 가서 잘 알고 있는 브랜드상품과 그렇지 않는 특매상품이 있다고 합시다. 구입한 후에 무언가 정보를 얻은 결과, 자신이 구매한 것이 '변두리제품'이었다는 것을 피하기 위해 가격이 비싼 브랜드상품을 사 버리는 경우도 있습니다. 이 경우에 만약 그것들의 상품 내용에서 자신은 거의 같다고 이해하고 있으면 합리적으로는 특매상품을 구매하는 것이 이득이라는 답이 되겠지만, 뒷날에 있을 '후회' 때문에 이와 같은 합리적인 의사결정을 하지 못하는 케이스가 있다는 것을 시사하고 있습니다. 또한 이 예의 경우에 브랜드상품을 구입하여 (i) 만약 특매상품을 구입한 후에 그것이 '변두리제품'이라는 것을 안 경우, (ii) 만약 특매상품을 구입한 후에 어떤 정보도 알지 못하는 경우, 어느 경우도 '후회'하는 것을 피할 수 있습니다. 물론 의사결정자의 가격에 대한 경제상황에 따라서는 이런 말을 하지 못하는 경우도 있지만, 여러분도 이것에 가까운 의사결정 장면에 짐작 가는 곳이 있지 않을까요?

어떻습니까? 다양한 예를 보았지만 여기서의 메시지는 '인간의 의사결정은 전부 객관적·논리적으로 갈 수 있다고 단정할 수 없다는 점을 인식합시다.'라는 것입니다. 이와 같은 선입견이 있다는 것을 알 수 있음으로써 객관적인 답을 도출해가는 Decision Model은 얼마나 고마운 존재인지 다시 한 번 실감할 수 있습니다. 또 Decision Model을 이용하는 경우도 어떤 단계에서 인간에 의한 판단이 개입되기 때문에 이 판단을 할 때에도 '선입견에 관한 인식'이 도움이 될 것입니다. 한편으로 실무의 협상(negotiation) 등에는 상대방이 받아들이는 것을 생각하면서 이 의도에 맞게 한다면 협상술의 응용도 가능합니다.

# 이 책을 끝내면서

우선 이 책을 읽어주신 독자 여러분께 감사드립니다. 이 책에서는 어디까지나 '데이터 분석으로 지원하는 의사결정'이라는 시점에서 다양한 모델을 소개하였습니다. 이 책의 독자를 샐러리맨이나 학생을 예상하고 있어, 그 범위를 Excel이라는 일반적인 툴로 하는 것으로 한정하였습니다. 물론 소개한 것 외에도 의사결정에 도움이 될 만한 모델은 수없이 존재하며, 필요한 애플리케이션을 사용하면 그 범위는 한층 넓습니다. 예를 들면 태풍의 진로예측에 사용하는 신경회로망(neural network : 인간 뇌의 신경회로의 메커니즘을 본뜬 것)이나 공분산구조해석, 몬테카를로 시뮬레이션(Monte Carlo Simulation) 등 많은 모델이 개발되어 실무에 활용되고 있습니다. 관심이 있는 사람은 꼭 사용해볼 것을 추천합니다. 단, 대부분의 애플리케이션은 유상제품으로 그 구조를 이해하기 위해서는 어느 정도의 지식이 요구됩니다.

또, 일반적인 실무에서 될 수 있으면 활용하는 것이 이 책의 목적 중에 하나이기 때문에 마케팅이나 비즈니스플랜의 책정, Supply Chain과 같은 일반적인 비즈니스 실무에 가까운 응용 예를 소개하였습니다. 그러나 소개한 모델은 그 밖의 분야나 일반적인 일상생활에서도 응용범위는 무한으로 넓힐 수 있습니다. 예를 들면 회계나 금융, 금융공학과 같은 보다 전문적인 분야에서의 활용도 기대할 수 있습니다. 확실한 정량적인 분석이 필요한 분야이기 때문입니다. 필자의 비즈니스스쿨에서도 '財務諸表分析(Financial Statement Analysis)'이라는 과목이 있는데, 이 분야에서는 유명한 Jan Barton이라는 교수가 강의하는 인기수업이 있었습니다. 일반기업의 재무제표를 이용하여 거기에는 직접 수치에서 드러나지 않는 상황을 재무제표의 값을 적절히 조정하여 끼워 넣고, 회귀분석을 이용하여 그 회사의 도산확률을 산출해내는 것도 강의하고 있었습니다. 독자 여러분이 자신의 상황에 맞는 모델을 선정, 그 응용범위를 넓혀 가면 소개한 모델의 부가가치가 높아지지 않겠습니까? 따라서 필자도 될 수 있으면 가까운 시기에 응용분야와 모델의 범위를 넓힌 내용을 실무에서의 응용실적과 병행하여 소개할 수 있는 기회가 있었으면 하는 생각입니다.

이 책은 될 수 있으면 많은 사람이 알기 쉽게 이해하는 것을 염두에 두고 쓴 것입니다.

따라서 소개한 모델을 사용하기 위한 필요최소한의 이론에 대해서 소개하였다고 생각합니다. 그러나 각각의 이론을 전부 설명하고, 잘 이해하기 위해서는 그것 때문에 기초지식이 필요하며 지면도 한정되어 있기 때문에 이 책에서 전부를 망라하는 것은 곤란하다는 것을 이해해주시기 바랍니다.

2006년 1월

# 참고문헌

1. 石村貞夫 'Δ散分析のはなし' 東京圖書, 1992.

2. 菅 民郎 'Excelで学ぶ多変量解析入門' オーム社, 2001.

3. 上田太一郎 'データマイニング事例集' 共立出版, 1998.

4. Robert T. Clemen. Terence Reilly 'Making Hard Decisions' Thomson Learning, 2001.

5. D.R. Anderson, D.J. Sweeney, T.A. Williams 'Contemporary Management Science' South－Western College Publishing.

6. M.L. Berenson, D.M. Levine 'Basic Business Statistics' Prentice Hall, 1999.

7. M. H. Bazerman 'Judgment in Managerial Decision Making. Fifth Edition' John Wiley & Sons, Ner York, 2002.

8. 鈴木一功 'MBA ゲーム理論' ダイアモンド社, 1999.

9. Tom Copeland著, 栃本克之監譯 'リアル・オプション' 東洋經濟新聞社, 2002.

10. 阿部圭司 'Excelで学ぶ回歸分析' ナツメ社, 2004.

11. 熊谷直樹 'Excelで簡單にできる! 販賣データ分析' かんき出版, 2002.

12. 日本オペレーションズ・リサーチ學會 'オパレーションズ・リサーチ' Vol. 50 no.1, 2005.

13. 涌井良幸・涌井貞美 'Excelで学ぶ統計解析' ナツメ社, 2003.

14. 鳥居泰彦 'はじめての統計學' 日本經濟新聞社, 1994.

15. A・ブランデンバーガー, B・ネイルバフ 'ゲーム理論で勝つ經營' 日經ビジネス人文庫, 2003.

16. 渡辺隆裕 'ゲーム理論' ナツメ社, 2004.

17. 武藤滋夫 'ゲーム理論入門' 日本經濟新聞社, 2001.

# 찾아보기

## 저자 소개

### 柏木 吉基(Kashiwagi Yoshiki)

1972년 6월 19일생. 1995년 케이오대학 이공학부 졸업, 히다치(日立) 입사

2001년부터 미국 및 유럽의 비즈니스스쿨에 유학

2003년 MBA(경영관리학 석사)를 취득하고 귀국(Academic Award 수상). 2004년부터 닛산 자동차 해외마케팅 및 세일즈본부 과장, 비즈니스 개혁그룹 매니저를 거쳐 현재 재무 부문 프로그램 & 비즈니스개발 매니저

일본 Operations Research학회, 미국 Decision Science학회 회원

### 저서

『사람은 셈보다 감정으로 결정한다(人は勘定より感情で決める)』, 技術評論社

『당장 쓸 수 있는 심플한 통계학(明日からつかえるシンプル統計学)』, 技術評論社

『'그거 근거 있어?'라는 말을 못하게 하는 데이터·통계분석이 가능한 책('それ、根拠あるの?'と言わせない　データ·統計分析ができる本)』, 日本実業出版社

## 역자 소개

### 황승현

강원도 정선 출생

1978년　강원대학교 토목공학과 입학

1985년　강원대학교 토목공학과 졸업

2021년　현재 (주)베이시스소프트 근무 중

### 저서 및 역서

1992년　『건설기술자를 위한 자동화설계 프로그램』

2010년　『실무자를 위한 흙막이 가설구조의 설계』

2011년　Excel 강좌시리즈『엑셀을 이용한 수치계산입문』 외 4종

2014년　『영업·기획·마케팅을 위한 엑셀로 배우는 실험계획법』,『토목 그리고 Infra BIM』

2016년　『엑셀로 배우는 게임이론』

2017년　『4차 산업혁명과 건설의 미래』

# 엑셀로 배우는 의사결정론

**초 판 발 행** 2015년 6월 16일
**초판 2쇄** 2021년 9월 10일

**저     자** 柏木 吉基(Kashiwagi Yoshiki)
**역     자** 황승현
**펴 낸 이** 김성배
**펴 낸 곳** 도서출판 씨아이알

**편 집 장** 박영지
**책임편집** 박영지
**디 자 인** 송성용, 윤미경
**제작책임** 김문갑

**등록번호** 제2-3285호
**등 록 일** 2001년 3월 19일
**주     소** 100-250 서울특별시 중구 필동로8길 43(예장동 1-151)
**전화번호** 02-2275-8603(대표)
**팩스번호** 02-2264-9394
**홈페이지** www.circom.co.kr

**I S B N** 979-11-5610-139-0 (93310)
**정     가** 20,000원